乐活·当下

LOHAS

乐活·当下

王琰 编著

山东大学出版社

图书在版编目(CIP)数据

乐活·当下/ 王琰编著.一济南:山东大学出版社,2015.10

(乐活·当下)

ISBN 978-7-5607-5296-9

Ⅰ.①乐… Ⅱ.①王… Ⅲ.①人生哲学一通俗读物 Ⅳ.①B821-49

中国版本图书馆 CIP 数据核字(2015)第 142739 号

责任策划:徐琳琳　郑琳琳

责任编辑:徐琳琳

封面设计:张　荔

出版发行:山东大学出版社

社　址　山东省济南市山大南路 20 号

邮　编　250100

电　话　市场部(0531)88364466

经　销:山东省新华书店

印　刷:济南华林彩印有限公司

规　格:700 毫米×1000 毫米　1/16

10 印张　97 千字

版　次:2015 年 10 月第 1 版

印　次:2015 年 10 月第 1 次印刷

定　价:24.00 元

PREFACE

前言

有这样一群人，他们关心生病的地球，也担心自己生病，于是发起了一种新的生活运动。他们吃健康食品，穿天然材质的衣物，使用二手的家居用品；他们骑自行车或者步行，练瑜伽健身；他们注重个人成长，听心灵音乐……他们希望以此让自己变得心情愉悦，身体健康，光彩照人。

乐活，就是这样一种追崇身心健康、快乐、环保、可持续的时尚生活的理念与方式，由“LOHAS”音译而来。“LOHAS”是英语“Lifestyles of Health and Sustainability”的缩写，意为健康及自给自足的生活形态。无论是生活方式上的低碳环保，还是心灵深处的静心修炼，乐活都如同清新的空气，给我们当下快节奏、高强度、大压力的生活增添了更多盎然的生机和绿意。崇尚乐活、热爱生活的“乐活族”应运而生。

“当下”则是佛经里讲的最小时间单位。1 分钟有 60 秒，1 秒钟有 60 个刹那，1 刹那有 60 个当下。也就是说，1 秒钟就是 3600 个当下。把时间切到很小很小的单位，当下就是永恒。后来，“当下”这个佛教用语，就被广泛借用于民间了。

于丹说，我们在这个世界上承担重任时，不应像一个苦行僧那样去忍辱负重，而应该快乐地举重若轻。同样是重，为啥不轻盈地把它举起来呢？生命有诸多不如意，人能活着感觉到的就只有当下。我们要把握当下美好的日子，享受当下的每一个时刻；我们要扼住那些倒霉的日子，把它变得美妙起来。我们要果敢地去追求幸福，活着一日就要幸福一日。

乐活，就要在当下！

“乐活 · 当下”就是这样一套让你每日都乐活的智慧幸福书系，它让你在每一篇小故事中获得很大的幸福。降低自身的欲望，放慢生活的节奏，平缓自己的呼吸，减少浮躁的行动，逐渐体验当下的慢生活、简单生活、宁静生活与悠闲生活的价值与趣味。让笑容回归，让灿烂重现。

乐活在当下，恬淡是首先要做到的事情。然而喧嚣的世界，怎么能容许我们恬淡自在呢？除非我们真的有勇气拔掉插头，不看电视，不听音乐，不上网，不驾车，真正探寻自己内心需要的东西，不依赖于物质，不受诱惑，给欲望一个合适的距离，才不会随波逐流，被物欲扰乱本性，在世俗中迷失自己。非如此，无以恬淡。幸福生活并不是让我们躲进空门，远离尘世。空门不是幸福的终点，尘世亦非万丈深渊。

快乐幸福的生活有时候真的很简单，即不被物欲所累，生活淡泊质朴,心境平和宁静。幸福,人人触手可及,在任何时候都可以“光临”我们。只要我们能做到——恬淡为上,由纷繁复杂回归简单质朴,自在于自然的本相,懂得给欲望一个适当的距离。

乐活在当下,就是每一个人幸福生活的开始。

编者

2015 年 10 月

CONTENTS

目 录

第一章 只需握住当下/1

找回自己/3

放宽心胸到福田/6

“我”为什么重要/10

一切都是最好的安排/14

古董床和席梦思/17

绊脚石和垫脚石/20

如何面对当下/25

第二章 绕开那些不如意/31

绕道而行亦成功/34

花不介意盆的好坏/37

搬开心中的顽石/40

试着原谅，懂得遗忘/44

把压力扛在肩上/48

在旱季里扎根/51

不再执念/54

当经历沸水/58

第三章　若抓住了当下，便自在乐活/61

天生我材必有用/63

让不让与活不活/67

上帝的回答/71

手酸了，就放下/75

面对是不二法门/78

干吗要背着筐爬山/80

第四章　抓住当下，不等于四脚朝天地忙/85

我们不是木桶/87

该干啥干啥/91

把浑浊变澄清/93

勿迷失于繁忙/96

生活的真相/99

和乌龟散步/101

放下无价值的砝码/104

第五章　最重要的是心/107

给你一个“如果”/109

撕掉是对的/112

自然与本相/115

最重要的是心/117

最完美的快乐/121

让心回归本原/125

向自己突围/127

第六章　明天的树叶不会提前飘落/129

最宝贵的当下/131

“以后”有多远/135

明天的树叶不会提前飘落/138

当下的智慧/142

人生四句话/145

沽在当下/148

第一章

只需握住当下

◎ 找回自己
◎ 放宽心胸到福田
◎ “我”为什么重要
◎ 一切都是最好的安排
◎ 古董床和席梦思
◎ 绊脚石和垫脚石
◎ 如何面对当下

任何事有可能发生或存在于当下之外吗？答案是否定的——过去不曾发生过什么，它发生在当下；未来不会发生什么，它会发生在当下。过去，是记忆里的前任当下；未来，是想象中的下任当下。

“现在”才是生命确实占有的唯一形态。当下，就是现在的这一刻。没有人能活在过去，也没有人能活在未来，人能活着和感觉到的只有当下。我们不应纠结于失去的而抱怨，而应享受我们所拥有的——把握美好的日子，享受每一时刻；扼住倒霉的日子，使它变得美妙。

时间宝贵，而真正宝贵的，则是时间之外的那个点——当下。如果专注于过去和未来上的时间越多，蹉跎掉最宝贵的当下的损失就越大。

所以，我们只需把握住现在这个当下。

找回自己

一位修行的老者，在山上的寺庙中隐居了几十载。他的开示，解除了很多人的烦忧。

一日，老者刚踏出寺庙的门，就看见一个女子迎面匆匆走来。那女子怀中抱着一个大大的包裹，包裹看似很沉，女子累得气喘吁吁。女子经过老者身边的时候，不自觉地收紧了双臂，头也不抬地快步走过。

老者没有多想，准备趁着大好的春光，到山里欣赏一下风景。但走出寺庙没多远，他便遇见了一群精壮的汉子。他们虽然衣着华美光鲜，却显得有些狼狈，而且还一个个怒气冲冲的。老者退至路的一旁，准备给他们让路。

这时，其中的一名男子走到老者面前询问："您有没有见到一名年轻的女子拿着包裹从这里走过？"

老者不明白这群人的意思，于是问："各位找这位女子做什么呢？"

听老者这么一问，这群人就开始七嘴八舌说了起来。

有人说："她骗了我的钱，我一路从京城追赶至此，已经很久没回家了。"

有人说："她偷走了我的财物，我一定要将她抓住，送到官府！"

还有人说："她盗窃了我家的古董，那可都是价值连城的东西，不能就这么放过她！"

老者听完又问："你们追赶她多久了？"众人又是七嘴八舌地说起来，有十天半个月的，还有更长的。

"你们远离了自己的家，丢下了自己原本的工作，就只为追回那些丢失的财物吗?”

“追回这些钱财,我们才能过自己喜欢的生活,做自己喜欢的事啊。”一人回答道,众人也跟着点头称是。

老者笑着摇摇头:“你们已经丢了自己的心,又哪里来的自己啊? 我看,你们别急着找回已经失去的东西了,先找回自己比较重要。”

听了老者的话,看着彼此身上沾满尘土的衣服,回想这些天以来没日没夜的奔波,重温数日来焦躁愤怒的心情,众人突然领悟了老者话中的深意。于是,他们决定不再去追那位女子,而是回归到原本属于自己的生活。

当面对失去,世人往往不愿放手,不愿丢下,任凭那些再也抓不住的事物牵着自己的鼻子走。这种舍不得的拉扯,是一种心灵的迷失。眼睛始终盯着自己“求不得”的东西,所有的情绪都随之而忽悲忽喜,就会渐渐在这条路上迷失自己。“不以物喜,不以己悲”是很多人都难以达到的一种境界,但我们总要学会找到自己,使自己不沦陷于“求不得”,将自己还原。

放宽心胸到福田

有一位修行得道的大师，他年轻的时候曾是一位高官的随从。由于他平日里勤快又聪明，所以深得高官的厚爱。

有一年，高官到某地视察，遇见了一个美貌的女子，并对她一见倾心。他不顾姑娘的反抗，也不管其家人的反对，强行将女子娶回了家。尽管高官对这位女子百般宠爱，却没能让她高兴起来。她十分想念自己的家乡，思念自己的父母，终日以泪洗面。高官的随从很同情她，又因为他们来自同一个地方，所以每次回家，他总会为她传递书信。

正所谓日久生情，在这样的互相接触中，两个年轻人渐渐暗生情愫。最终，他们的私情还是暴露了。自己心爱的女子和自己最信任的随从竟然这么背叛了自己，高官内心十分气愤。于是，他决定带人将二人抓住，严惩不贷。在混乱的打斗中，随从为了自保，失手杀死了那位大官，然后带着那位美貌的女子逃跑了。

逃亡的生活十分艰难，为了能够安稳地生活，也为了躲避追捕，他们找了一个边境的小镇住了下来。当地的生活原本就比较清苦，他们两个又有没有什么生活来源，只能节俭度日。女子在高官府邸里享受惯了奢华的生活，逃亡的生活已经使她厌烦，现在的生活更不是她想要的。最终，女子的骄奢和贪婪、自己内心的愧疚，使得他选择了出家为僧。

智慧的佛法、刻苦的修行，让大师明白了很多。为了弥补自己曾经犯下的罪过，求得内心的解脱，大师决定下山去云游，并在云游的过程中帮助世人、做好事。

有一天，他走到了一个地方，那个地方的人出入需要经过一处悬崖。悬崖陡峭，已经断送了不少人的性命，但又苦于没有其他的路可走，人们不得不一次次冒着生命危险行走。为了当地人的安全，大师决定在悬崖下的山中，开凿出一条隧道来。

准备好工具之后，大师就动手了。他除了出去乞食和短暂的休息之外，每天都在不停地开凿。二十多年过去了，隧道已经挖掘了 2000 尺（约合 667 米）。

一天，一位年轻人找到了隧道里，拿着手里的宝剑，声称一定要杀了这位大师。原来，他就是那位死去的高官的儿子。他为了给父亲报仇，一直苦练剑法，同时又派人四处打听这位大师的下落。终于，他不但学成了功夫，而且还找到了大师的下落，决定前来报仇。

面对架在自己脖子上的剑，大师平静地说："我这条命，应当还给你。但是，请你让我挖完这条隧道。等到完工了，你可以随时取走我的性命。”

年轻人多少也知道当地的交通情况，于是答应了大师的请求。为了避免大师逃跑，年轻人决定留在隧道里等可以取走他性命的那一天。转眼几个月过去了，大师从未停止过挖掘，年轻人就在旁边监视着他。等待是十分无聊的一件事，年轻人最后决定帮大师一块儿挖掘。就这样，过了五年的时间，隧道终于可以通行了。

看着安全通过的人们，大师放下手中的工具，对年轻人说："可以了，我的心愿已经了了。你将我的这条命拿去吧。"

听了大师的这句话，年轻的复仇者突然含泪跪下，说："我早已被大师的意志和诚心所打动，内心已经把您当做自己的老师了。徒儿怎能杀死自己的老师呢？"

时间如流水。总会带走生命中的许多东西，一切怨恨也都会随着时光的流逝而消散。人非圣贤，孰能无过？人都难免犯错误，只要真心悔改，就值得尊重。过去的恩怨，不必耿耿于怀，放开心胸，坦然面对，一切都会变得美好。

“我”为什么重要

一位老师想要让学生们意识到自己的重要性，同时也希望学生们能以一颗感恩的心来让身边的人认识到他们的重要性。于是，老师发起了一场叫“绿丝带”的活动。

首先，老师在上课的时候，把学生们逐一叫上讲台，然后说出这名同学的优点。之后，她还会说明这名学生对班级和对自己的重要性，再让台下的同学说出一件该同学令他们感动的事。最后，老师会把一条绿色的丝带系到他的手臂上，绿丝带上还写了三个字——“我重要”。

下课的时候，老师告诉同学们，让他们把胳膊上的绿丝带送给他们觉得重要的人，送给他们认为值得感恩的人，并告知那个人对他们的重要性。最后，让他们坚持把绿丝带传递下去。

放学之后，一位小男孩走进附近的一间公司，找到了一位女主管。这位主管是妈妈以前的同事，跟妈妈的关系很好。爸爸、妈妈工作繁忙的时候，这位女主管总会帮忙照顾他。虽然妈妈早已换了工作，但是小男孩依然很感激她。于是，他把手里的那条绿丝带送给了这位女主管，并把老师的话传达给了这位女主管。

过了几天，女主管所在公司总部的领导前来视察。这位领导很不容易相处，每次前来视察的时候，全公司上下都会小心翼翼。趁着休息的时间，女主管找到了这位领导，因为这位领导曾经带头捐款救治过她的妈妈，她想把手中的绿丝带送给他。她走进领导的办公室，告知了自己的来意。这位领导很是惊讶，但还是接受了那条绿丝带。

当天，这位领导就坐飞机飞回自己居住的城市了。晚上，他回到了家中。他打开门，看到自己的妻子安静地坐在客厅里。他放下自己的行李，坐在妻子的身边，解下系在胳膊上的绿丝带，对妻子说道："今天去视察的时候，一位同事告诉我，很感谢我当初对她的帮助，而且还赞美了我的善良。她还送给我一条绿色的丝带，让我送给自己要感谢的、觉得重要的那个人。我回来的路上一直在想应该送给谁，我想到了你。从相恋到现在，虽然经历了很多的风浪，但是你一直不离不弃地陪在我身边。这些日子，我一直忙于处理公司的事情，忽略了你，也会对你发脾气，但是每次回家，都有你准备好的饭菜，这对我来说就是幸福。我现在要把这条绿丝带送给你，我爱你，想让你知道你对于我的重要性。"

妻子听完，眼泪止不住地流了下来，哽咽地说："你知道吗？我原本打算今晚跟你提出离婚，我把协议书都准备好了，我以为你早已不爱我了。但是现在，已经没有那个必要了。"

然后，二人相拥，流下了幸福的眼泪。

不要觉得自己无足轻重，或许你身边的人不懂得去表达对你的爱，但是对于亲人来说，你是不可缺少的存在。不要想当然地认为身边的人就应该那么存在，不要吝啬于表达对他们的关怀和爱，不要等到失去了才知道他们在你生命中的分量。抓住生命中所有的机会去爱吧，趁着现在还有机会，去爱自己也爱别人。

每一个"我"都很重要。

一切都是最好的安排

从前有一个人，他最常挂在嘴边的一句话就是“一切都是最好的安排”。不管发生好事，还是发生坏事，他总是习惯性地说这句话。

有一天，下起了大雨，这个人的房子就开始漏雨了，所以他不得不爬到房顶上去修补房子。就在他修补完屋顶，从梯子上下来的时候，旁边的那堵土墙突然倒塌了。由于事发突然，他没来得及躲开，土墙压到了他的腿。虽然经过了医生的精心治疗，但他还是留下了腿疾。从此以后，他成了一个残疾人。

看着他走路一瘸一拐的模样，周围的人都十分同情他。他却显得不以为意，总是微笑着对别人说：“这是最好的安排。”可是，认识他的人实在是看不出来这种安排好在哪里。

某一年，他的国家跟邻国发生了战争，官府开始大量征兵，很多男子都被迫走上了战场。每个人心里都知道，自己这一去恐怕就再也没有机会回来了。一时间，家家户户都笼罩在浓重的悲情之下。但是，这个人却由于腿部有残疾，无法上阵打仗，躲过了这一劫。

还有这样一个故事。

彼得是一个普通的小职员，他一直想出国旅游，但是苦于没有足够的经济能力，所以总是无法成行。终于，好运气光顾了他。在某次商场的活动中，他抽到了一次出国游玩的机会，而且是去他想去的国家。彼得非常兴奋，听到大家的恭喜声，彼得高兴地对大家说："这是上帝最好的安排。"

在熬人的等待中，出国的日子终于到了。机票是早上7点钟的，想到马上就要飞往自己最喜欢的那个国家，彼得心里激动极了。一整个晚上，他都兴奋得难以入睡。迷迷糊糊地，他终于睡着了。当他再次醒来，已经是早上6:30了。他匆忙地收拾好自己的行李，着急地赶到机场——让人沮丧的是，飞机已经起飞了。

众人都为他感到惋惜，彼得一开始内心也觉得很沮丧，但是很快地，他就笑着跟别人说："这是上帝最好的安排了。"

彼得提着自己的行李又返回了家里。本来为了出国，他给自己请了几天的假。现在虽然出不了国了，他决定索性还是让自己休闲几天。他给自己泡了一杯咖啡，悠闲地看着电视上的新闻。就在这时，新闻报道了一架飞机坠毁的消息。彼得惊呆了，这架飞机就是他要乘坐去国外的那架！他很同情飞机上的那些遇难者，也希望那些受伤的幸存者尽快痊愈，同时也庆幸自己错过了这架飞机。

"福兮祸之所倚，祸兮福之所伏。"人生中有平坦也有坎坷，生活中有高潮也有低谷，生命中有得到也有失去。好也罢，坏也罢，对得失成败要保持豁达的态度，辩证地看待问题，相信一切都是最好的安排，就会减少许多挫折感，生活就会格外轻松愉快。

古董床和席梦思

有个村庄里住了一户姓董的人家，董家有两个儿子，两个儿子都娶了很漂亮的媳妇。二儿子结婚没多久，董老太太就决定分家。

董家在村子里属于比较有钱的人家，两个儿子都分得了不少的东西。分家后的第二天，董老太太送了大儿媳一张木雕的床，送给二儿媳一张新式的席梦思床。在那个刚流行席梦思床的年代，拥有一张席梦思床是非常令人羡慕的一件事情。

因此，大儿媳心里很不是滋味，吵着闹着，想要一张同样的席梦思床。

董老太太听闻情况，就命人把木雕床抬了回去。过了几天，又重新给大儿媳买了一张新的弹簧床，把那张老式的木床劈成了木柴，烧饭用了。

几日之后，大儿媳的母亲来访，看到女儿房里放着的新床，连声赞叹。女儿听后，就把婆婆送木床的事讲了一遍给母亲听。母亲听完之后问道:“你是说以前摆放在老太太里间的那张木床吗?”大儿媳点点头。“傻孩子,你婆婆那是疼你。她的那张床相传是董家祖上当年在京为官的时候皇帝赏的。”

听了母亲这番话的大儿媳内心十分懊悔,忍不住找了个机会问婆婆那张木床的下落。婆婆淡然一笑,说:“已经劈成柴了,剩下的几根木头,大概还在厨房放着。”

大儿媳心里一惊,问道:“您那不是古董吗?怎么舍得劈成柴呢?”

“过去的事物随它去吧。它的华丽只在过去,不能让它影响你们当下的生活。当下的就是最好的,当下流行席梦思,就算是古董床又如何?你们活在现在,当下快乐最重要。”董老太太笑着说道。

无独有偶,这里还有一个类似的故事。

有户人家刚娶了新媳妇,新媳妇给婆婆敬茶的时候,婆婆给了她一个银镯子。这个镯子看起来已经很久没有人戴过了,虽然是用红布精心包着的,但看起来却没什么光亮。新媳妇拿着镯子回到自己房里,心里很不愉快。她本来想着,婆婆定会给她包一个大红包,没想到只给了她这么一个不值钱的镯子。新媳妇是个很时尚的人,这种过气的样式,她才不想戴着出去见人。

一日,婆婆偶然问起,媳妇支支吾吾地说明了原因。婆婆没有责备她,只是说认识一个银匠,可以让银匠重新熔铸一个新鲜样式的。于是,新媳妇把镯子交给了婆婆。几日之后,镯子焕然一新,样式十分新颖别致,媳妇心里很是喜欢。

后来,一个偶然的机会,新媳妇得知,那个原来的镯子是古时候番邦进给皇宫的贡品,价值不菲。但是,已经重新熔铸的镯子,早已失去了它原本的价值。

每一件存在的物品,都有它本身的价值。不要总想着去改变,不要刻意去抵制。接受当下的形态,才能收获更大的价值。

绊脚石和垫脚石

一个没有月亮的晚上，周围漆黑一片，无边的夜掩住了白天可以看到的一切景色。一个路人在这样的夜里匆匆走着，他没有灯笼，也没有火把，只能靠路边人家窗户里偶尔透出的光亮来辨别自己的方向。

无边的夜阻挡了视线，让人感到深深的惶恐。这个人想要尽快到达自己的目的地，于是不断地加快自己的脚步。可是，就在他匆匆前行的时候，他突然被一块大石头绊倒了，疼痛的感觉瞬间袭过全身。他慢慢爬起来，揉了揉自己疼痛的膝盖，拍打了一下身上的尘土，继续向前走。

这个地方是他所不熟悉的，他只能凭借着自己的感觉摸索前行。终于，他找到了自己要去拜访的那个地方。但是，不知道哪家人在前边的道路上立了一堵墙。如果翻过这堵墙，就能结束这段行程；如果不翻墙，还要绕很远的一段路。无奈之下，他选择了翻墙。然而，这堵墙很高，且很光滑，周围又没有可以攀爬的东西。他费尽了力气，也没能够爬上墙去。

疲惫的路人很是无奈，又一次攀爬失败的他，坐在墙根下沮丧地叹气。就在他几乎绝望的时候，他想到了那块把他绊倒的大石头，如果把那块石头放在脚下的话，他就可以轻松地爬上墙去了。想到这里，他立即站起来，按原路折了回去。凭着记忆，他用尽自己的力气，将那块大石头移到了墙根下。

接着，他踩着那块曾经把他绊倒的石头，轻轻松松地攀上了高墙，然后轻轻一跳，翻过了那堵墙。结果，他不必绕更远的路，就到达了自己想到达的地方。

不要讨厌曾经绊倒你的那块石头。同样，也不要抱怨你遇到的逆境，命运让你在生命的每一刻遭遇的疼痛，总是带着它特定的意义——有一天，它可能会变成助你翻越障碍的垫脚石。沉着于当下，学会去利用一切的顺利和不顺利，才能化疼痛为力量,变绊脚石为垫脚石。

还有这样一个故事。

一位德高望重的钢琴家,想要在自己的有生之年教出一些不错的学生,于是对外宣称自己要招收弟子。消息一经传出,便有很多的人前来报名。经过一番挑选,钢琴家招收了第一批徒弟。

钢琴课上,钢琴家给每位学生发了一份全新的琴谱。学生们打开琴谱,发现这个琴谱是属于超高难度的。大家不解钢琴家的这一做法,但是钢琴家没作解释,只是示意大家按照琴谱开始练习。但这个琴谱很难弹奏,几乎将学生们对弹奏钢琴的信心打击到了谷底。第一节课快结束的时候,钢琴家收回了琴谱,并询问了大家的感受,所有的学生都抱怨琴谱太难。

第二节课的时候,钢琴家又将一份新的琴谱给了大家。相较于第一份琴谱,这本琴谱更难了。接下来,差不多有一个星期的时间,钢琴家都让他们练习这一琴谱。学生们不明白,他为什么以这种方法"整人"。有的人坚持不下来就中途退学了,有的人却不甘心,仍旧对着琴谱不断地奋战。

最初的时候,学生们弹得生涩僵滞、错误百出。每次弹完,钢琴家都会说他们不够成熟,让他们接着练习。一星期过去了,学生们已经能熟练弹出这首曲子了。就在大家等待验收的时候,钢琴家又给了他们一本新的琴谱。这本琴谱的难度更高,对于上一本琴谱,钢琴家则没再提过,只是让他们练习新的曲子。

一周又过去了，钢琴家又给了他们一本更难的乐谱。面对一次比一次更具难度的琴谱，有些原本坚持下来的人也坚持不住了。最后，只剩一小部分人还在坚持。这些学生，每天都把琴谱带回去练习，然后再回到课堂上继续挑战各种难度与技巧。但是，即便是这样努力，他们仍跟不上老师定的进度。对于琴谱，他们从来没有驾轻就熟的感觉。因此，他们心里感到越来越不安，沮丧和气馁困扰着每一个人。

一个月过后，学生们终于忍不住了，他们对钢琴家这一个月以来的"折磨"提出了质疑。钢琴家听了，没有正面回答他们的问题，只是又把第一次的那本超高难度的琴谱发给了大家，让大家回家弹奏。

回到家之后，大家翻开琴谱再次弹奏，不可思议的事情发生了——他们居然可以把那本超高难度的琴谱弹奏得如此顺利、如此美妙、如此精湛。一曲结束，他们都不敢相信自己竟然能弹出这么高的水平。

再次回到课堂的时候，他们把这个惊喜告诉了钢琴家。钢琴家笑了笑，对大家说："我知道你们都有自己擅长的曲子，都有自己擅长的部分。但是，如果我只让你们练习自己最擅长的，你们就只能停留在原有的那个高度，就不会达到现在这样的高度。"听完这句话，学生们恍然大悟。

人，总是习惯于生活在自己熟悉的领域当中，却不知道自己遇到的那些压力、磨难，都是对自己最好的磨炼。只有接受生活的磨砺，才能修炼出更出众的能力。把握好当下命运给予的安排，就能发掘出自身无限的潜力。

如何面对当下

美国斯坦福大学医学研究所的菲立普·马特(Phillip Marter),曾在网络讨论群组发表了一篇引起众多网友共鸣并纷纷转载、历久不衰的文章。他在文章中说:

如果我们把全球人口压缩成一个只有100人的部落,而且维持人类的各种比率,那么我们会得到:

(1)57个亚洲人、21个欧洲人、14个美洲人、8个非洲人;

(2)52个男人、48个女人;

(3)30个白种人、70个非白种人;

(4)30个基督徒、70个非基督徒;

(5)89个异性恋者、11个同性恋者;

(6)6个人将拥有全部财富的59%,而且这6个人全部来自美国;

(7)80个人的居家生活不甚理想;

(8)70 个文盲;

(9)50 个人营养不良;

(10)1 个人即将死亡、1 个人即将生产;

(11)1 个人(不错,只有一个人!)拥有大专学历;

(12)1 个人拥有计算机。

当我们从这样压缩的角度来看这个世界时,我们会更清楚这个世界需要更多的接纳、谅解和教育。

还有一些值得我们深思的:

如果您今天早上醒来时还算健康,恭喜您,因为有 100

万人将活不过一星期。

如果您不曾经历战争的危险、被监禁的寂寞、被凌虐的痛苦或是饥寒交迫，恭喜您，您比5亿人还好命。

如果您可以参加宗教活动而不必担心被骚扰、逮捕、凌虐或死亡，恭喜您，您比30亿人还自由。

如果您的冰箱里有食物、有衣服穿、还有地方住，恭喜您，您比全世界75%的人还富有。

如果您在银行有存款、钱包里有钞票、还有一些零钱，恭喜您，您是全世界前8%的有钱人。

如果您的双亲都还健在而且没有离婚，您算是幸运儿。

您可以读这篇文章，那是双重幸运，因为有人想到您这个朋友，而且有20亿人根本不识字。

当你看完这篇文章时，你会不会有所触动？

是的，在生活当中，我们总会遇到这样那样不如意、不幸的事，我们不是在后悔昨天，就是在担忧未来，许多个当下都过得让人沮丧。但是，我们不应因为已经逝去的昨天而觉得生活无趣，也不应因为还没有来到的未来而感觉人生渺茫。事实上，你面临的情况也并没有你想象中那么坏。

换个角度，在当下，你还健康地活在这个世界上，你还不至于沦落街头，其实已经很幸福了。只要换个角度来看问题，不要只为挣钱去工作，忘记所有对你不好的人，用心去爱、去生活，想唱就唱，不在乎是否有人为你鼓掌，那么，在这个世界上，你就会活得比大多数人都幸福。请抚平心灵的伤痕活下去，你会发现自己已活在人间的天堂。

境由心生。请用一种健康、感恩的心态去珍惜人生中那些如意的十之“一二”。毕竟决定生命质量、造就人生境界的不是那些不如意的常有“八九”。所有问题的本身其实都不是问题，如何面对它们才是我们最大的问题。

第二章

绕开那些不如意

◎ 绕道而行亦成功
◎ 花不介意盆的好坏
◎ 搬开心中的顽石
◎ 试着原谅，懂得遗忘
◎ 把压力扛在肩上
◎ 在旱季里扎根
◎ 不再执念
◎ 当经历沸水

俗话说：人生百年，不如意事常八九。任何人前进的道路都不可能是一马平川的。人生在世，顺境与逆境总是相伴而行。顺境，人之所求，却无法有求必应；逆境，人之所畏，却往往不期而遇。

苏轼曾经遭遇仕途的坎坷，但这位大文豪并没有因此消极对待生活。面对被贬官至黄州的不如意，他能高歌：

竹杖芒鞋轻胜马，
谁怕？
一蓑烟雨任平生。

人生中的不如意、生活中的苦难，也不过是过往道路上风雨的穿林打叶声，何苦去在意它？

人生如四季，你沐浴了夏花的绚烂，也必体验冬天的萧瑟。一路走来，当你站在终点，再回首萧瑟处，便是“也无风雨也无晴”。

有人说：山不过来，我就过去。也有人说：改变不了的，就去适应它。不要把自己禁锢在每一个不如意里，懂得在逆境中自由呼吸，才能安然自得。

戒烦躁，用一颗平静的心去对待每一个不如意，不耽于过去的顺畅，不妄想未来的鹏程。既然活于当下，那么无论风雨，都要乐活眼前。

与其做一个悲观者——即便在吃糖的时候也思索着生活的

苦涩，不如做一个乐观者——就算手里捧着一杯苦茶也能品味出甘甜。

我们必须学会自己去寻找快乐，才能真正摆脱忧伤。但是，我们如果不能领悟真正的快乐就是过好每一个当下，而只是一味地被欲望牵引的话，就永远不能摆脱忧伤。

绕道而行亦成功

一位司机陪老板去出差，司机的老家就在他们将要去的那个城市，所以他对那里的道路非常熟悉。

这是一个繁华的大都市，处处充满着机会，也时时充满着竞争。很多人涌进这个城市，为了追求自己的梦想，也为了改变自己的生活和命运。再大的城市，人口多了，也难免拥挤。当他们开车进入这个城市的时候，恰逢下班的高峰期。

老板的会议安排在第二天，他们要先去预定好的酒店住宿。司机很熟悉那个酒店，但是去那里最近的路线也要穿过一段拥挤的道路。

他对老板说："咱们到的有点不是时候，现在这个时间段，这条路是最堵的。据我的经验，最快也需要 2 个小时才能到。"

老板在后座上翻着手里的书，不慌不忙地问道："到酒店去的路，就这么一条吗？"

"也不是，还有另外一条路可以过去。不过，如果走那条路，就绕远了，现在的这条路是最近的。”

“现在能绕到另外那条路上吗？”老板问。

“可以，旁边的那条路就可以绕过去。”司机回答。

老板放下手中的书，边闭目养神边说：“那就绕过去吧。”

“可是那条路……”还没等司机说完，老板就摆摆手，表明自己的决定。司机不再说什么，只好按照老板的意思去做。

40 分钟之后，他们就到了酒店。下了车之后，老板笑笑说：“虽然绕了个远路，但是 40 分钟毕竟比 2 个小时快多了。”

司机听后，才理解了老板的智慧。

绕道而行，是一种智慧，是一种懂得变通的智慧，是一种懂得放弃的智慧。生活当中，我们习惯了去找寻直道，觉得那是捷径，能更快地帮助我们走向成功。当然，两点之间直线最短的道理，很多人都懂，但是如果这条直线上太过拥挤，那就不妨用慧眼去寻求一条弯路。或许这条弯路，会更容易通向成功。

纷乱的尘世，障碍无所不在，不要太急功近利。终南捷径，不是每一个人都能找得到。譬如一条河流，它翻越不了高山，就从山的脚下绕过去，不撞击出浪花，不激荡出声浪，却能够平平坦坦地流向大海。

懂得坚持，或许会帮你取得成功，但是过于执着，也许会偏离目的更远。“流光容易把人抛，红了樱桃，绿了芭蕉。”也许你不怕艰险，也许你不在乎障碍，也许你会坚守等待，但是生命的时光并不会等人，当下的每一秒，过去了，就不会重来。

绕道而行，是一种对生命的尊重。它不是面对困难的懦弱，而是一种智勇；它不是面对挫折的逃避，而是一种智慧。绕道而行，是一种对当下的把握，不为无谓的障碍蹉跎时光，不为不必要的坚持浪费光阴。

花不介意盆的好坏

叶子的老家在一处较为偏远的农村，她自己经过一番打拼和努力，终于来到了现在的这个城市。她在这里读完了大学，找了一份自己喜欢的工作，并且结婚生子。

这个城市很繁华，叶子住的地方，虽然算不上什么富人区，但起码大家都是白领阶层。出入之人，个个衣着光鲜亮丽；进进出出，也大多以车子代步。

有一年冬天，天气特别冷，小区里来了一个收废品的老人。不管天气多么冷，也不管飘着大雪还是刮着北风，他都会固定地在每周周一和周三到叶子居住的小区里转悠。

小区里的居民大多是年轻人，大家对卖废品得到的那点儿钱都不放在心上。家里有什么不用的东西，也只是往小区垃圾桶处一放便不再关心。冬日寒冷，安静的小区里，只见老人推着他那辆破旧的三轮车，不时地在垃圾堆放处翻捡着。

冬至的那天，恰好赶上了周末，叶子起了个大早，准备给大家做一顿丰盛的大餐。她正忙着做饭的时候，门铃响了起来。叶子家住一楼，打开门，她便看到了那位一直在小区内捡废品的老人。叶子一愣，用疑惑不解的眼神看着站在门口、显得有些不自在的老人。

还没等她开口询问，老人便说话了："我看到了这个盒子上写的地址，这里边有您的一枚戒指。"

叶子疑惑地接过老人递过来的盒子，打开一看，里边果然放着一枚戒指。她这才想起来，这是一位做珠宝生意的朋友邮寄给她的礼物。时间一长，她早就忘了它还放在那个盒子里，昨天收拾东西的时候，竟然把它跟盒子一块儿扔掉了。

叶子很感激老人，虽然这枚戒指不是价值不菲，但是也有它特殊的含义。更让她感动的，是老人的高尚品质。看着老人满是皱纹的脸颊，叶子想到了自己年迈的父母，同时也是为了谢谢老人，叶子不顾老人的婉拒，请老人在家里吃了饭。

从此以后,叶子与老人熟络了起来。渐渐地,她了解到老人家里遭了灾,他跟着前来打工的儿子到了这座城市。老人不愿意给儿子增加负担,就推着车子出来收废品。老人很乐观,不管什么时候都是乐呵呵的,并且坚信自己一定能够回家,重建家园。

一年过去了,老人再次登门。他对叶子说,这次过年回家,就不会再回来了。他和儿子商量,回老家重新开始他们以前的平和生活。从此之后,叶子真的再也没有见过老人,但每年过年的时候,叶子总能收到老人邮寄过来的包裹,里面装着老人亲手种出的土特产。

一次,叶子在朋友家里看到一株盛开的牡丹,栽种在一只锈迹斑斑并且已有裂痕的铁桶里。于是她问朋友:“这么美的花,你怎么不给它找个好点儿的花盆呢?”

朋友笑着说:“我知道这株牡丹花美丽,但是家里花盆不够了。我想,花儿是不会介意盆的好坏的。不管种在什么样的盆里,它依然可以开得鲜艳、美丽。”

叶子顿时想到了那位收废品的老人,他能心平气和地接受生活带给他的磨难。尽管遭了灾,他仍然能够乐观地享受当下的快乐,仍然能够相信生活的美好。他有一个美丽的灵魂,从不介意生长在他不算美丽的外壳里。

搬开心中的顽石

某公司老总是个爱读书的人，他认为，只有每天坚持读书，才能更好地提升自己各方面的素质，才不至于在这个充满激烈竞争的社会中落伍。每个月，老总都会为员工买一本书，并叮嘱他们一定要看完。

有一次，这位老总为所有的员工都买了一整套书。这套书装在一个盒子里，很是精美，但是看起来很厚。发书的时候，老总语重心长地说："大家一定要好好看这套书，这套书的内容很好，相信你们看完了，一定会收获工作和生活方面的各种启发的。下个月初的时候，我们专门开一个会，让大家集中来讨论一下自己的读后感。"

小李把书抱回家，还没把盒子打开就已经开始发愁了。这么厚的一盒子书，自己白天要上班，晚上又没有多少时间，究竟怎样才能把它看完呢？想起老总还要在下个月开设一场专门的讨论会，小李心里就郁闷不已。

时间就这么一天天过去了，每天回家面对桌子上那个装着书的盒子，小李都没有打开它的勇气。他心想，这么多的内容，看起来该有多么无聊啊。一个月的时间转眼就过了一半，已经到了这个月的中旬了，如果再不翻看的话，恐怕到了月底自己还看不完。那么，下个月的讨论会，自己该怎么去参加？

时间的紧迫，使得小李不得不在第三个周的周末开始翻阅这套书。他打开了那个盒子，盒子里共有三本，每一本书的封面都很精美。还没有真正去翻看内容，小李就已经被这书的精致封面吸引住了。当他打开书，从第一章内容开始阅读的时候，更是被里面幽默风趣而富有哲理的语言所折服。就这样，一整天过去了，小李仍然充满兴趣地沉浸在这套书的阅读里。

等到晚上准备休息的时候，小李才发现，不知不觉中，自己已经差不多看了两本了。当他躺在床上准备结束一天的阅读时，竟有一种意犹未尽的感觉。

第二天，他合上书的最后一页，才后悔起自己为何不早一点儿打开。倘若之前就开始阅读，那么这种读书的乐趣就会提前到来。以往的日子，自己总是被这套书的厚厚外壳吓住，害怕那种厚度，担心它的枯燥。当真正去翻阅的时候，他才发现，以前的自己只是想当然，原来读下来整套书，是那样轻松愉快。

其实生活中，真正阻碍我们去发现、去创造的，是我们心理上的障碍和思想中的顽石。渴望上山，却惧于山的高度，还未开始攀爬，便已在心里认输。当你把山路看成是台阶的组合，学会去欣赏每一级台阶上的风景，就会领略到沿途的美丽。心里的那块顽石，总是会阻碍人的视线，导致自己错失生命中很多的美好。跨越它，才能拓宽视野，看到每一个时刻、每一个当下的景致。

试着原谅，懂得遗忘

懂得遗忘，有时候并不是一件坏事。懂得遗忘可以让你忘掉自己的不幸，忘掉那些让你疼痛的伤害，好好地过之后的每一天。

但在现实生活中，有很多人总是闯不过自己心里的那一关——他们不是向前看，而是向后看，想着过去的仇恨和不快，结果只能是从一个牢笼走出，却又走进另一个牢笼，最终自己放大了自己的痛苦，延长了自己不幸的时间。

有这样一个很受关注的案件：原告因为法院的错判而入狱9年，后来因为另一宗案件的主犯交代了犯罪事实，才被洗刷冤情，走出了监狱。

他回想自己在23岁、正当年轻的时候却无辜被冤，想到自己被囚禁而失去的整整9年的宝贵的时光……这样的事实，让他每每想起就心如刀绞。

走出监狱之后，他无心弥补那些流逝的岁月，也没有抓紧时间学习技能以适应这个飞速变化的世界，而是决定把所有的时间和精力放在为自己讨个说法上。于是，他走上了漫长却并不顺畅的诉讼路。

他的生活一日不如一日，每天的心情都糟糕透顶，他不断地抱怨着、咒骂着、委屈着，真的好像是全世界的人都对不起他。刚开始，他的亲人还因为他所受到的冤屈而迁就他的糟糕脾气，到最后却是谁也无法再忍耐他了。终于，在 73 岁那年，他由于长期的贫病交加以及精神上的痛苦，而卧床不起。

这个时候他的家人回来送他最后一程，并且带了牧师让他作最后的忏悔。弥留之际，牧师来到他的床边说："可怜的人，去天堂之前，忏悔您在人世间的一切罪恶吧……"

谁知道，牧师的话音刚落，本已奄奄一息的他却在病床上声嘶力竭地叫喊起来："我有什么需要忏悔的？！我的人生这么悲苦，我需要的是诅咒，诅咒那些给我的命运带来不幸的人！……"

牧师等他稍微平静了一些的时候说："我知道您从 23 岁就在牢里饱受冤屈，但是您现在已经 73 岁了。这 50 年，您在监狱里待了多少年？离开监狱后又生活了多少年？"

他恶狠狠地回答了牧师的问题，就听牧师长长地叹了一口气，说："您真的是个可怜的人啊，而且是世上最不幸的人。对于您的不幸，我真的感到万分同情和悲痛！您虽受了冤屈，但是他人只囚禁了您 9 年。出狱之后，冤屈要伸、公平要寻，但对您来说更重要的应该是好好享受自己的生活，弥补自己曾经丢失的快乐，而您却用心底里的仇恨、抱怨、诅咒又囚禁了自己整整41年！您出狱之后人生中的不幸，其实大多是您自己造成的啊！”

听完牧师的话，他才逐渐地安静下来。他突然醒悟到，真正将自己陷于不幸的人是他自己。他出狱之后丢失了更多的东西，这些东西比在监狱里的珍贵好多倍。他忙于控诉，没有陪自己的儿孙好好地玩，甚至都没有好好地看过自己的儿孙。他不记得自己的孩子们是什么时候结婚的，他不知道自己妻子的每天是怎样过的……这些错失的美好让他忽然流起泪来。他这才痛恨起自己那被仇恨蒙蔽的双眼。原来，自己真正的监狱生涯，其实是从走出监狱的那一刻开始的——是他的不懂遗忘和学会原谅，将自己的后半生囚禁在了仇恨与不甘里。

过去是被定格的镜头，拍摄好了就不能再去改变，即使是并不美好的过去，学不会欣赏或原谅它，那就让它留在过去。那些定格了的老照片，你可以把它们压在岁月的箱底里，让它们在箱底慢慢地褪去自己的色彩，不刻意去翻阅，不为它们留恋悲伤。你活着的当下的每一个时刻，其实都会定格成一个镜头，这个镜头过去了，就不能够再回放。不要在乎在过往的镜头中是否留下来最完美的姿态，你需要在乎的，是当下每一个岁月闪光灯下的身姿。原谅过去的错误，遗忘曾经的悲苦，才是当下生活的必需。

把压力扛在肩上

一位成功学大师带着众多的学员进行户外拓展训练，他们来到一处宽敞的跑道上。400 米的跑道很平坦，大师带着学员边走便谈话，悠闲地走了一圈。这一圈走下来，大概用了 10 分钟。

一圈走完之后，大师挑选了一位学员，让他单独走一圈。学员虽然不解大师的意思，但还是很听话地向跑道走去。大概用了 8 分钟的时间，这位学员回到了起点。

刚一站定，大师让人搬了块石头给这个学员，让这个学员搬着石头再走一圈。学员心里更加迷惑了。但是没有办法，他只得搬起石头，又一次走向了跑道。

这一圈走下来，这位学员只用了短短的 4 分钟。

等气喘吁吁的学员平复了一会儿，大师问众位学员说："你们有人注意时间了吗？"

大家摇摇头。

“我们大家一起走第一圈的时候，大约用了10分钟的时间。我让这位学员单独走第二圈的时候，他大概用了8分钟。等到他搬起石头走第三圈的时候，却只用了短短的4分钟。同样的一段路程，两手空空时，本应该走得最快，但是我们用的时间却最多；肩负重物时，本应该走得最慢，但是他用的时间却最少。为什么会出现这种状况呢？”大师问道。

众学员沉默。

大师接着说：“原因其实很简单，我们第一圈是漫无目的地闲走，没有丝毫的压力，所以最慢；走第二圈时，他虽然有到达目的地的目标，但是没有压力，所以也不追求速度；等到第三圈的时候，他不但有目标，而且还有压力，不得不快步前进，所以用的时间最少。生活中所有的困难和不幸，都是你肩膀上扛着的石头，逼着你快步前进。”

人生，没有绝对的一帆风顺，真正的万事如意也是不存在的。当不幸来临时，有些人会承受不了压力，最终被击垮；有些人却能承受住打击，发挥出自己的潜能，最终走向成功。压力也是动力，能够激励你前进。人生道路上的坎坷是在所难免的，试着将这些困难和不幸扛在肩上，变压力为动力，大步地向前走。

在旱季里扎根

一个成绩一向优秀的男孩子，在高考中失利了。本来，凭他的实力，男孩完全可以考上一所不错的大学，但是高考成绩出来之后，他却离本科分数线还差十几分。他只好报了大专志愿，但是也未能收到所报院校的录取通知书。这样一来，他彻底名落孙山了。

高考的打击，一下子就让他的人生变得无比黯淡。到了新生开学的时候，看着自己的同学拿着录取通知书高高兴兴地登上开往大学的列车，他的心情更是沮丧到了极点。他每天躲在自己的房间里，不愿意说话，更不愿意出门。除了睡觉，就是坐着发呆。日子一天天过去了，他依旧沉浸在自己沮丧和黯淡的情绪当中。

一天，他看着准备出门做农活的父亲，说："我陪您去下地干活吧。"听到儿子的话，父亲有点儿吃惊，但还是很高兴地答应了，说："你也很久不出门了，地里的庄稼都成熟了。跟我一块儿去也好，也顺便呼吸一下地里的新鲜空气。”

跟父亲一起准备好要用的农具，他们就推着车子出发了。他们家住在丘陵地区，红薯地的分布比较零散。到了地里，他们就先在坡顶的一块地里刨开了。

他家的红薯地，处在严重缺水的地段上，是两头高、中间洼的地形。一旦下雨，雨水就会都流向地势洼的中间。所以，即便已经过了深秋，生长在中间的那些红薯叶子依然是翠绿的，而地两头的红薯叶子不但小，而且已经开始枯萎了。

刨了一会儿红薯，男孩发现了一个奇怪的现象。按道理来说，地中间水分充足，红薯应该长得最好，结果刨出来却一个个小得像鸡蛋一样。反倒是两边干旱的地方，红薯的个头大得很。他家的红薯是用来做红薯粉的，凭借男孩的经验，两边的大红薯也肯定是出粉率最高的。

对于这个发现，男孩很是不解，于是就问自己的父亲。父亲听后，认真地解释说："孩子，你不了解红薯的习性。红薯生长最旺盛的时候，就是咱们这里的旱季。由于雨水特别少，两头的红薯吸收不到更多的水分，他们不得不拼命地往地下钻。为了保住水分，叶子就长得最小最少。但是，生长在地中间的红薯就不一样了，水分多了，反而只长叶子，根部不往地下钻，红薯的个头儿也就很小了。红薯这种庄稼啊，还是旱了才好。"

说到这里，父亲停顿了一下，看着男孩，又接着说："其实，人也是一样的道理，都有遇到自己旱季的那一天，关键是看你自己怎么去生长了。孩子啊，越是旱季，就越是长果实的时候，你就越要努力扎好自己的根。这段时间，我一直想告诉你这个道理，希望你能转过这个弯来啊。"

男孩被父亲的话深深打动了。父亲只是一个不识字的农民，却说出了这样深刻的人生道理，这是他在课堂和书本里学不到的哲理。

听了父亲的这番话，男孩决定回校复读。第二年，他顺利地考取了一所不错的大学。

人生犹如四季，谁能没有个旱季的时候呢？但是，请千万不要错过在旱季里的成长！把握好旱季里的人生，坚忍不拔，扎好自己的根基，才能让自己收获更多。

不再执念

有一个女孩失恋了，她非常伤心，几乎没有了生活下去的勇气。她每天守着男友以前送给她的各种礼物，哭得死去活来。突然有一天，这个女孩子宣布要去找男友，她想要挽回他们之间的爱情。家人纷纷劝女孩放弃，可是女孩不为所动。她找遍了所有认识的人，几乎走遍了这个城市的每一个角落，却始终不曾寻到他的身影。此后的日子，女孩在日夜思念的纠缠里忧伤度日，心力交瘁。她决定出去散心。于是，她给自己请了一个长假，背起行囊，独自前往陌生的地方。

一天，她无意中走进了一座小寺庙，绕过大殿，她进入了一个隐在殿后的小花园。花园里，一位僧人正在独自下棋、饮茶。她被僧人的悠闲所感染，禁不住想起了自己悲伤的生活，无奈地叹了一口气。听到叹气声，僧人便请她坐下喝茶。闲谈中，她把自己失恋并四处寻找男友的事情一一道来。

僧人听罢，莞尔一笑，说：“佛家有一个故事，说有一女子为了等待一个她心爱的男子，修行了 500 年，化为了一块石头，成

了桥上的一根护栏，只等得他从桥上匆匆走过。她不甘心，用修行来的第二个500年，化为了一棵树，终等到他在树下休息片刻。她用了1000年等他，他却不曾知道石栏对他的深情凝视，也不会注意大树对他的呵护。当佛祖问她还要不要修行第三个500年的时候，她问佛祖，男子现在的妻子是不是也曾如她一样苦等，佛祖点点头。然后她突然悟了，决心不再等他。佛祖听后笑着说："终于有一个男子也不用再这么苦苦地等你了。"

讲完故事后，僧人微笑地看着她。她像被突然点醒了一样，静坐沉默了很久，连僧人什么时候离开的都不知道。之后，她决定结束自己的行程，返回她的那座城市。女孩的不再执着，让人惊喜，生活也开始一帆风顺起来。

人生就是如此，有些感情，尽了就是尽了，强求不来。岁月悠然，你可以不忘记，但一定要学会放下。不要固守着过去，让自己活在回忆的阁楼里，拒绝阳光，拒绝现实，觉得整个世界都应该同自己一起悲伤。不要忘了，痛苦是你自己的事，离去的那个人再也不会关心。你珍惜着的这些记忆，离开的那个人也许早已淡忘，不会挂怀。

生命中总会经历花开花落，缘来缘去。飘零的落叶就让它随风去吧，离去的人就让他活在过去的岁月里吧。当下，若只有自己，那么就安享自己的空间，一个人的世界就放松自己自由呼吸，唱一首属于自己的歌，未尝不是一种快乐。当另一个人来到你身边时，勿忘珍惜眼前人。不必纠缠于过去不放，你怎会知道眼前的人不会像对待自己的生命一样珍惜你？沉溺于过去，妄想于未来，都会让我们错失身边的风景。每一秒钟，都有它自己的精彩，无可替代，也不可重复。

绕开那些不如意的当下，乐活于现在，把握好当下，才会增加生命的长度，拓宽生命的广度。

当经历沸水

有一个男孩经常对自己的爸爸抱怨，抱怨生活的枯燥无味，抱怨学习的压力太大，抱怨前途茫然而看不到未来……在这不停的抱怨声中，他渐渐失去了自己奋斗的方向，不想去改变，厌烦了挣扎，面对接踵而至的问题，他只想放弃。生活中的这些难题，让他感觉毫无招架之力，整个人变得很惶然。

男孩的妈妈了解到这一情况，一天，她拉起儿子的手走进了厨房。妈妈拿出来三个锅，分别烧了三锅水。水烧开了之后，她把胡萝卜放进了第一个锅中，把咖啡放进了第二个锅中，在第三个锅中放入了一颗鸡蛋。儿子看着妈妈的动作，不明所以。妈妈没有多作解释，只是示意他看着不断烧着的水。

时间静静地过去了，只能听见锅里的水沸腾的声音。不知过了多久，妈妈关了火，把锅里的胡萝卜和鸡蛋取了出来，然后把咖啡倒进了杯子。儿子不解地问：“妈，您煮这些东西做什么啊？”妈妈把这三样东西端到儿子面前，对他说：“你来看看这三样东西。”男孩子先看了看胡萝卜。胡萝卜经过沸水的烹煮，已经变软烂。他又拿起那颗鸡蛋，妈妈示意他把鸡蛋剥开，敲碎鸡蛋的外壳，他发现鸡蛋仍旧圆润光滑。最后，男孩子端起那杯咖啡，还没入口，便已闻到浓浓的香气。

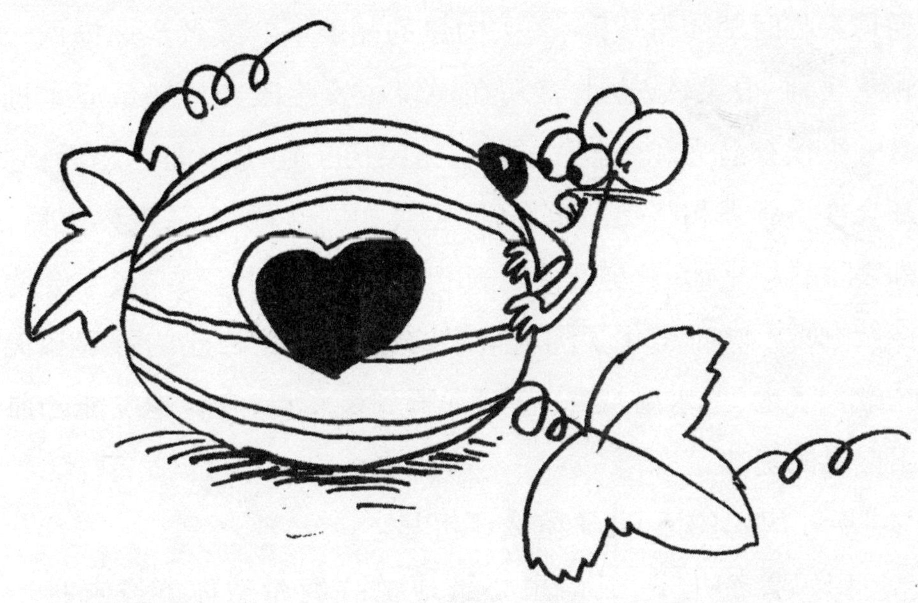

看完这三样东西之后，男孩子还是没有明白妈妈的用意。他问妈妈：“妈，这是什么意思呢？”妈妈解释说：“我把这三种东西放在沸水里，它们面临同样的环境，但是却有各自不同的反应。胡萝卜原本粗硬而坚实，但是经历了沸水，却变得又烂又软；鸡蛋原本是脆弱的，一经磕碰，它便容易被打破，但是经沸水煮过的鸡蛋却变得坚实而有弹性，蛋壳内不再是容易流出的液体；再来看咖啡，咖啡是最特别的，在滚烫的热水中，它却能够改变水原本的面貌。”

说完这些，妈妈看着认真听着的儿子，问："儿子，那么你呢？你会选择做哪一个？"

慈爱的妈妈很想让男孩走出目前的困境。于是，她接着说道："人生中总难免遇到逆境，当面对逆境的时候，你会作出哪种反应？会选择做一个胡萝卜吗？那种外表看似坚强，但是当逆境来临时却变得软弱、失去力量的胡萝卜？或者会选择做一颗鸡蛋，心很柔软，也很容易在逆境中发生改变？鸡蛋原本拥有一个很有潜力和弹性的灵魂，当经历了逆境和挫折之后，它却会变得顽强和坚硬。也许，你也会如同这颗鸡蛋，煮熟之后，外表虽看起来如旧，但是内心却已顽强而坚硬？又或者你会选择做咖啡？咖啡融化了沸水带来的痛苦，它把自己的香醇和美味融入了水里，水温越高，甚至沸腾到最高点，它就越发能凸显出自己的美味。"

听了妈妈的话，儿子陷入了沉思。

妈妈看着儿子，又语重心长地说："我希望你能像咖啡一样，当遇到逆境时，你能发挥自己的特质，变不利为有利，将自己变得更好，甚至让外在的一切因你变得更香醇。不要被逆境摧毁，你要学会去转变，让一切的事物变得更美好。"

面对当下的环境，即使是逆境。我们要做的，是坚守自己，然后让自己和环境变得都有自己的光彩。

第三章

若抓住了当下，便自在乐活

◎ 天生我材必有用

◎ 让不让与活不活

◎ 上帝的回答

◎ 手酸了，就放下

◎ 面对是不二法门

◎ 干吗要背着筐爬山

汉乐府《长歌行》中说:“少壮不努力,老大徒伤悲。”当下的辛勤,是为了未来的收获。

岳飞在《满江红》中写:“莫等闲,白了少年头,空悲切。”当下的付出,是为了让以后的人生不留遗憾。

李大钊说:“我以为世间最可贵的就是‘今’,最易丧失的也是‘今’。因为它最容易丧失,所以更觉得它宝贵。”每一个当下都如白驹过隙,应当用心珍惜。

列夫·托尔斯泰说:“记住,只有一个时间是重要,那就是现在! 它之所以重要,就是因为它是我们唯一有所作为的时间。”把握好当下,才能有所作为。

天生我材必有用

有一个男孩很自卑，因为他的个子比同龄的孩子矮了很多。虽然他的父母也在想各种办法帮他增高，却丝毫不起作用。周围的孩子们都喜欢跟他比个子，每次玩游戏的时候总是让他充当小兵、小卒。

时间久了，男孩的自尊心受到了打击，他拒绝再出去跟别的孩子玩，总是把自己一个人关在屋子里。男孩的父母非常担忧，却又因为工作没有办法抽出时间多陪他。

暑假的时候，邻居家的孩子又来找男孩出去玩。男孩本想拒绝的，但听说是去荒废的那家公园探险，就抑制不住自己的好奇心，于是决定同小伙伴们一同前往。

到了约定好的那天，四五个小孩子带着简单的装备出发了。废弃的公园里，没有行人的足迹，除了树上聒噪的鸣蝉，就是树下闭目养神的野猫。孩子们尽量避开大道，专门在茂盛的树丛中开辟小路。穿过了一个小树丛，他们看到了一座假山。

假山的右侧，有一个洞口可以进去。探险的好奇心，让他们无视旁边的警示牌，相约钻进了山洞里。

刚进洞的时候道路很窄，每次只能通过一个孩子。通道里黑漆漆的，看不到光亮，幸好他们有人带了手电筒。走着走着，道路变宽了，原来这座假山的中间是空的，并且有一个小型的迷宫，而且还可以看到头顶的天空，一群孩子兴奋地决定到迷宫中探险。

夏日的天气说变就变，刚才还是大晴天，突然就变得阴沉沉的了，等到孩子们意识到的时候已经开始下雨了。他们急忙跑到通道中躲雨。只听一声响，一块石头被雨水冲下来，堵住了洞口。

天转眼晴了，孩子们却怎么推也推不开石头，见自己被这样困在山洞里，胆小的孩子已经开始哭了。就在这时，矮个子的小男孩发现，通过洞里长的一棵树可以爬到上边的洞口，而且他进洞的时候发现外边有台阶可以通到山顶。只要爬到山顶，他们就可以下去找人救援了。

他把这一发现告诉伙伴们，但是望着粗粗的树，大家都很胆怯。而且山顶是用铁网罩着的，只在树的旁边有个小出口，个子稍大的孩子根本出不去。最后，矮个子的小男孩决定自己去爬山。

瘦瘦小小的他矫捷地爬到了树顶，那个小小的出口恰好能够容得下他。最终，小男孩找来人，将小伙伴们成功营救了出来。从此，再没有孩子嘲笑他个子矮了。

不要为自己不如他人的地方而自卑，矛与盾相生相长，没有人能知道它们之间什么时候可以转化。说不定有一天，缺点就变成了优点，在关键时刻助你一臂之力。“天生我材必有用”，但这种用处不一定能够时时刻刻彰显。相信当下的自己，相信自己终能够遇到发挥优势的舞台，修炼成圆满的人生。

让不让与活不活

森林里有一道河，河上只有一座独木桥，所有的动物要想到河对岸去，必须经过这座独木桥。

一天，一只羊想到河对岸的草地上吃草，便上了独木桥。走到中间的时候，恰好遇见狼从对岸走过来。狼让羊给他让路，羊心想，狭路相逢勇者胜，于是准备跟狼反抗到底。但是，还没等羊伸出角，他就被狼咬住了脖子。

又过了几天，另一只羊要去河对岸吃草，又遇见了这头狼。狼盯着羊问："让不让？"

羊心想，凡事忍忍就过去了，更何况狼那么凶残，于是慢慢地退回岸上。可是，还没等羊在岸上站稳，狼就扑上去咬断了羊的脖子。

第三只羊过河的时候，也同样遇见了这头狼。狼同样让羊给自己让路。羊虽然害怕，但还是选择小心翼翼地退回岸上。狼本想像上次一样咬断羊的脖子，但是没想到，羊刚一上岸就低头向前一顶。狼没有防备，一下子掉进了河流里，被冲下了山崖。

生活中，当下的每一个决定，都会影响未来的发展。一时的把握不当，有时候甚至会危及自己的生命。

一天夜里，风雨交加，杨树和柳树并排站在路边。呼啸的风带着极大的力气，疯狂地吹向她们。杨树和柳树的叶子，也在这风雨中掉落了一地。

杨树和柳树本就是好姐妹，面对肆虐的大风，她们牵紧了彼此的手，希望可以对抗肆虐的狂风。一个小时过去了，杨树和柳树差不多已经筋疲力尽，但是风却丝毫没有减弱的趋势。柳树心想，再这么执拗地抵抗下去，她们的身体肯定承受不了。于是，她开始向风祈求："风大人，看在我们枝叶柔弱的份上，请您绕过我们的居住地，到广阔的戈壁滩上去展示您的威力吧！"

风听了之后"哈哈"大笑，却没有答应柳树的请求。这时候，杨树不高兴了，她对柳树说："你怎么能向敌人低头呢？我们一定要战胜他，绝对不能服输！"说完之后，杨树更加挺直了自己的腰杆。

风力更大了。看着自己身上已经不堪风吹的枝条，柳树觉得应该改变策略。她对身旁的杨树说："现在我们应该放低自己的身躯，摆开自己的枝条，分散风力，这样才能更好地保护自己。"

杨树却坚决不听，她始终认为不能在敌人面前低下自己高贵的头。不管柳树如何劝说，杨树仍坚持己见。最后，柳树只得自己放低身躯。看着柳树在风中低下的头，杨树生气地甩开了柳树的手。

大风更加肆虐了，柳树想要拉住杨树的手，但是风却总是不能让她如愿。不知过了多长时间，只听一声巨响，旁边的杨树被狂风连根拔起。

第二天，人们经过的时候，发现了倒在地上的杨树。他们找人抬走了杨树，然后在杨树原来生长的地方又补种了一棵柳树。

第三只羊的以退为进，击败了恶狼；柳树在狂风肆虐时放低身躯，是生存的智慧。有的时候，无论人或事，当下让一让，换来的是活的希望和新的转机。当下是未来必经的一个阶段，一念之间的决定，影响的又岂止是一时的成败？

上帝的回答

一天，上帝在天上望着人间，不断地摇头叹气。经过的大天使看到这一幕很是不解，于是就走上前去询问原因。

“您为何如此忧心忡忡呢？”大天使问。

“我在为这些无知的人类哀叹。”上帝回答。

大天使仍然不解：不知道人类做错了什么事，使得上帝如此烦恼？

上帝指着地上的人类对大天使说：“童年的时候，他们不懂得珍惜这个纯粹时代的美好，总是急于长大。等到长大的时候，却又怀念童年的时光，希望自己能够返老还童。

“他们为了追求金钱，不惜牺牲自己的健康；然后又拿得到的金钱，去买一个健康的身体。”

大天使听了连连点头。

上帝接着说：“他们紧抓住过去的不幸，对未来又充满了焦虑，却不知道最重要的是抓住现在，活在当下。于是，他们没有活在过去当中，也丢失了现在，更加不能活在未来。

“生命既短暂又漫长。你看，他们活着的时候不懂得去珍惜，就好像自己永远都不会死去一样。死去之后，他们又悔恨得就好像自己从来没有活过。”

大天使听完，也不由得跟着叹起气来。沉默了一会儿，大天使又问：“这是您的子女，您有什么建议给他们吗？”

上帝听了，一脸凝重地回答：“光阴珍贵，错过了就不能重来，他们应该把握好当下，用心去生活。

“人不是万能的，不可能取悦身边所有的人。他们所能做的就是管好自己，爱别人，然后被别人爱。

“他们应该明白，一生之中最有价值的，不是地位，更不是财富，而是拥有什么样的人。地位可以换来攀附与恭维，却换不来真诚；金钱可以买到物质，但买不到幸福。人与人之间总是攀比，那么就永远无法满足。

“宽恕是一种美德，要会赢得别人的宽恕，要会去宽恕别人，还应该学会宽恕自己。仇恨像一把双刃的剑，刺伤别人也会刺伤自己，所以要学会宽恕。要学会去爱，尽量避免伤害。在所爱的人身上造成创伤，只需要几秒钟；但再要想愈合，就需要花上几年的时间，甚至是一辈子。

“每个人都有各自不同的观点和立场，要学会求同存异。有些爱不是不存在，是因为那些人不知道如何表达，所以要用心去感受。”

生活中，上帝的这些意见，你接受了几条？

手酸了，就放下

一位勤修佛法的小沙弥，总是因为悟不到佛法的真意而烦恼。一个偶然的机会，他遇到一位佛法精深的师父，于是小沙弥带着许多自己解不了的经书去向师父请教。

小沙弥把所有的经书放到桌子上，然后开始向那位师父讲述自己如何如何烦恼，并请师父为他解惑。那位师父听后，让小沙弥把他带来的经书都用手提着，跟他说话。半个小时过去了，小沙弥提着经书的手越来越酸。但那位师父却一边听着小沙弥所谓的烦恼，一边和他说着与佛法无关的话。

一个小时后，小沙弥的手实在酸得受不了，于是他又把手中的经书放到了桌子上。这时，那位师父却说："提着经书和我说话。"小沙弥十分不解，心想我的手已经提经书提得那么酸了，师父为什么还不让我把手中的重物放下？又过了半个小时，小沙弥实在受不了了，他把手中的经书再次放到桌子上，狐疑地问师父："师父，您为什么不让我把经书放下呢？"师父笑着对他说:“你不喜欢提着重物和我说话,为什么却带着烦恼来跟我说话?”小沙弥听后马上得到开悟:手酸了,把手里的经书放下就好,烦恼不是也一样吗?

我们总说轻装上阵,却总是忘记减轻自己肩膀上包袱的重量。一路走来,我们不断地将生活当中的痛苦、悲伤放进包袱里,结果一步比一步走得劳累,一步比一步走得艰辛。当与其他人相遇时,我们又总喜欢打开自己的包袱,向别人展示自己遇到的各种苦难,将过去的伤疤一点点揭开给别人看。每一次的讲述,都在重新温习过去的疼痛。如此下去,伤疤永远如新刻在心上一样疼痛不已。

手酸了,就应该把手里提着的重物放下;心累了,就应该把心里的烦恼抛开。心如同一个气球，气充得太多，等待它的结果只有爆炸；要想持久，就必须学会释放。一个人能在旅途中领略几分风景，跟背负的行囊有很大的关系，太沉重的行囊会消耗掉你的精力，使你无气力和精神再去欣赏路旁的风景。人生路，一生一次，不要让这沉重的包袱、满满的行囊夺去你的快乐。

学会放下，才会看到当下的美景。

面对是不二法门

有一个人开车出差，刚走到半路的时候，邻居打电话说他母亲心脏病犯了，正送往医院抢救。这个人一听，立即调转车头，急匆匆地往医院开去，结果一不小心发生了车祸。虽然他的母亲经过抢救脱离了危险，他自己却因为车祸造成的伤势太重，抢救无效而死亡。

医院大夫给他的妻子打了电话，告知她丈夫因车祸死亡的消息，并通知她前来处理后事。

妻子听到丈夫的死讯，顿觉天塌地陷，她发了疯似的往医院跑。接到医院大夫电话的时候，她正在给马上就要放学回来的孩子做饭，丈夫去世的噩耗使她忘了关煤气就冲出了家门。幸亏在危险关头，孩子回到了家里，他赶紧关掉煤气，然后做了妥当的处理。

妻子晚上回到家后，听了孩子的叙述，庆幸自己没有遇到更加倒霉的事情——如果房子真的被烧了，或者自己的儿子也发生什么意外的话，她还如何存活在这个世界？

于是，她打起精神，好好安葬了自己的丈夫，又将婆婆接来，重新开始了他们的生活。

妻子及时醒悟了，无论自己怎样伤心，都无法挽回自己的丈夫，她能把握的就是没有变得更加糟糕的每一个当下，将自己的不幸降到最低。

人生并不是一帆风顺，我们也有面对逆境的时刻，可能会遇到失败，会遭受毁谤，会经历责备与痛苦，可能还会遭遇痛入骨髓的生死离别。

不幸，像突如其来的风暴，能够轻易地将人卷入。假如惊慌失措，假如焦虑彷徨，那么等待我们的结果可能就是灭亡。倘若事情可以尽人力去挽回，那自然不必忧愁。假如事情已成定局，回天乏术，沮丧又有何用？即便你愤怒、忧心，同样不能使事情好转。如果懂得去面对，拥有一颗从容的心，就能够在风暴之中把握住生机，为自己赢得生存的机遇。

遇到困境的处理方法，就是去面对它，改变它。面对，是不二的法门。

干吗要背着筐爬山

有一个年轻人总是感觉生活压力太大，生活担子太重，他想放下自己的担子，却总是找不到减压的办法。他听说有位高僧可以帮人解忧，于是就去请教那位高僧。

高僧听年轻人诉说完他的忧愁和烦恼后什么都没说，只是拿给他一个背筐，让他背着这个筐去爬一座大山，并要求他每走一步就捡起一块石头放到筐里。

年轻人十分不解地问高僧："师父，我是来请您帮我解惑的，您为什么让我背着筐去爬山呢？"

高僧只是笑着说："等你到了山顶的时候，自然就会得到自救的方法。"

于是，年轻人背着筐开始爬山。刚开始的时候，他背着筐走得很轻松。他每走一步，就捡起一块自己认为是最好、最美的石头放进筐里。走着走着，年轻人渐渐失去了刚刚上山时的轻松，背上的筐也越来越沉。于是，他开始捡一些轻一点且不会给自己太多压力的石头放进去。但筐的重量并没有减轻，他依然要背着越来越沉重的筐往山上爬。到最后，年轻人已经无力顾及什么样的石头了，他只是把离自己最近的石头捡起来放到筐里，一步步艰难地爬向山顶。

等到年轻人终于气喘吁吁地爬到山顶时，他看到高僧正一脸笑意地在山顶看着自己。

高僧问年轻人说：“山上的景色如何？”

年轻人回答：“我都快累死了，哪还有精力看山里的景色？”

高僧接着说：“你背着筐，装着石头上山当然累！只想着捡石头，当然看不到山里的美景！”

年轻人听后，气愤地说：“那又怎么样？是您让我捡的啊！”

高僧却微笑着说：“那就放下石头和筐，下山去看看山里的美景吧。”

年轻人听后，陷入沉思。

有时，生活就像一座大山，而我们就像那个背着筐捡石头上山的年轻人。当我们刚开始爬山的时候，一点儿都不会觉得累，于是就精力充沛地边捡最好、最美的石头边上山。就像童年和青年时的我们，那时的我们有用不完的力气，总是将自己认为美好的东西捡起来放进筐里。随着时间的推移，我们已经不太可能像刚开始爬山时那样轻松地背着筐和石头走。于是我们会选择比较轻的、不会给自己增加太多重量的石头爬山。慢慢地，我们就只是随手捡起离自己最近的那块石头。

这就像人到中年的我们，很多的压力和责任使你已经没体力，也不可能单纯地选择你认为好的东西了。生活的压力、家里的负担，让我们可能不得已放弃自己认为最好的石头而选轻一点的。当爬上人生的山顶，放下背上的筐，我们才发现，自己所捡的东西并没有让自己欣赏到山里的美景。

山有山的巍峨，水有水的灵动，树有树的风姿，花有花的美丽。仅一次的人生旅途，错过了这些，岂不可惜？

无论如何，我们都该抓住当下；自在乐活，便不要忘记欣赏生命旅途中的风景。

第四章

抓住当下，不等于四脚朝天地忙

◎ 我们不是木桶

◎ 该干啥干啥

◎ 把浑浊变澄清

◎ 勿迷失于繁忙

◎ 生活的真相

◎ 和乌龟散步

◎ 放下无价值的砝码

有时，我们虽然繁忙，却像是在原地转圈，转得越快就越容易丧失方向。

当一个人晕头转向时，何以掌控自己的生活？

因为名利而忙，因为金钱而忙，因为地位而忙，因为荣誉而忙……我们不曾停歇的身影，从一个繁忙的旋涡掉进另一个旋涡里，从一个头晕目眩到达另一个头晕目眩。

繁忙，有没有让你丢失了人生的方向？这样不停歇地旋转，你的目的是什么？

赢得名利，是为了让自己快乐；获取金钱，是为了让自己过得更轻松；追逐地位，是为了让自己愉悦；谋划荣誉，是为了让自己获得更多幸福……

但是，回头看看，你所有的本意都达到了吗？

很多人在这时恍然发现，那些横亘在道路上的繁忙，早已剥夺了他们生命中原本存在的纯真快乐，哪儿还来多余的欢笑？

有没有在闲暇的一刻问自己：忙了半天，忙了半辈子，究竟是为了什么？

我们不是木桶

大学生小陈刚刚毕业，找到了一份不错的工作。这是一家很有名的公司，里边的员工一个比一个优秀，一个比一个出色。他想着，自己一定要好好努力，一定不能拖大家的后腿。

上学的时候，美国管理学家彼得提出的“水桶理论”已经深入到小陈的内心。在小陈看来，自己就像是一个盛水的木桶，如果想让木桶盛更多的水，他就必须提升自己在各方面的素质和技能。

小陈本来是属于技术部的员工，但是为了增加自己的“储水量”，他经常跑到其他的部门去参观学习。他跑到销售部去学习销售知识，跑到公关部去学习公关知识……就这样，小陈成了各个部门的常客，全公司都知道技术部有一个爱学习的小陈。

一年过去了，小陈的各项技能都提升得不错。两年过去了，同小陈一块儿进公司的人都得到了提升。三年过去了，小陈还在技术部待着，除了薪金增加之外，还是原来的职位。小陈始终不明白，像自己这么努力的员工，为什么得不到老板的赏识呢？等到第四年人事调整的时候，小陈终于忍不住了，他愤愤地去找自己的老板。

他问老板，自己这几年一直努力地学习，从不曾懈怠，甚至比那些提早晋升的员工付出了更多的努力，为什么始终得不到提升？

老板看着怒气冲冲的小陈，笑道："我不是不知道你的努力，也明白你的能力，知道你对公司尽心。但是你有没有想过，你的本职是把公司的技术提上去，我招你进公司，就是为了这一点儿。其他部门的工作，自然有他们自己去完成，如果都像你这样，我们还分这么多部门做什么？"

"但是管理学家彼得说过……"

还未等小陈说完，老板示意他停下："理论有一定的适应场所，我们不是木桶，决定你成就的，是你最精通的那部分技能。最长的那根，才是你的高度。"

“万事通”跟“一门精”究竟哪种比较好，一直是大众议论的一个话题。而在个人能力方面，人们往往提倡“一门精”。譬如一只老虎，它可以不如羚羊跑得快，可以不像猴子那样会爬树，但是只要它的爪子足够尖利，就仍是不可小觑的“森林之王”。善良的你可以没有聪明的头脑，但是要保持自己的善良；勤劳的你可以没有大量的财富，但是请保有你的勤劳；平淡的你可以没有权势，但是要坚守你的平淡……我们不是木桶，不需要去储水。我们仅需在自己的位置上，欣赏属于我们的风景，就像是处于深谷中的幽兰，懂得独享属于自己的安然。

该干啥干啥

佛门有这样一个公案。有源禅师问大珠慧海禅师:“大师,你现在修道是否用功?”

大珠慧海禅师回答:“用功!”

于是有源禅师接着问:“怎么用功?”

大珠慧海禅师笑笑回答说:“吃饭时吃饭,睡觉时睡觉!”

有源禅师不解地问:“这又和一般人有什么不同吗?”

大珠慧海禅师回答说:“一般人吃饭时不肯吃饭,百种需索;睡觉时不肯睡觉,千般计较,当然与我不同!”

这是一个充满竞争和压力的时代。我们每个人都在忙碌中生活,不管富有还是贫穷。人的欲望总是无止境。没钱的人拼命地赚钱,有钱的人也在忙碌着赚更多的钱。但是我们在长时间的高压力下,在从不间断的忙碌中,是否也要问问自己到底在忙什么?

有一个体质检测中心,对 15 名高级总经理进行腹肌力量、握力、体前曲、仰卧起坐、血压、定时心率、肺活量等近 20 项的身体测试，结果表明工资越多的人身体透支情况越多。

一位刚刚 28 岁、高大帅气、月薪几万元的建筑师，他的体能状况已经老化到 36 岁。他的血压值、肺活量、心跳次数均偏低，手腕肌力等体能也不合格，身体严重透支。另外，一对作为公司高级管理人员的夫妇，一起检测的结果是他们夫妻两个人分别透支了 4 年和 7 年。而一位刚工作两年的翻译，也透支了三年的体能。

看着一个个身穿名牌的高级金领们提前进入中年，你在感到惊讶之余，是否也想过要改变一下自己的生活模式？保持健康的身体状况其实很简单，只要别让自己每天活在一日三餐没有规律、睡眠不足、工作时间太长、应酬太多等压力之中就可以。

如果吃饭时想着工作，即便是再好的饭菜也会食不知味；如果睡觉时想着赚钱，即便是再柔软的床也不会感到舒服。我们是否该自问一下，到底在忙什么？做什么？累什么？活什么？为什么就不能实实在在、平平淡淡地该吃饭时吃饭，该睡觉时睡觉呢？生命本是上天赐予我们的礼物，如果把身体透支，把青春透支，最终承受恶果的，还是自己。

把浑浊变澄清

一个失业的年轻人心情很糟，他感觉自己处于一片混乱之中，心中充满苦闷。为了找到生活的真谛，排解心中的苦闷，年轻人来到一座深山找到一位修行的禅师。

禅师接待了这个年轻人，并听他诉说了自己受的苦、生活的杂乱无章与心情的郁闷。禅师听后什么都没说，只是带着年轻人走到后院一间很古旧的小屋里。那间屋子几乎什么家具都没放，空空的房子里只有一张桌子和上面放着的一个水杯。禅师进屋之后，只是看着杯子微笑不语。年轻人认真地看着杯子，不知道禅师的用意是什么。这时禅师笑着说："这只杯子已经放在这间旧屋很长时间了，每天都有无数的灰尘落在里面，但为什么它却依然如此澄清透明呢？"

年轻人想了许久，忽然回答说："因为所有的灰尘都沉到杯子底下了。"

这时禅师意味深长地说："生活中你总会接触这样那样的

烦心事,这些烦心事就像落在水杯里的灰尘。而你的心就像水杯,你越是振荡就越会把水搅得一片浑浊。但是如果你不纠结于无法改变的遗憾,让自己的心慢慢地静下来,那你的心就会像这杯水一样澄清透明。”

现在的人们往往生活在一片喧嚣之中,太多太杂太乱的烦恼已经让人们的心太过疲惫。我们每天都会接触形形色色的人,接触到各种各样的东西。在这个过程中,总会遇到不同的矛盾,纠纠缠缠解脱不了。于是我们总会被这些矛盾或者烦恼所左右,每天睁开眼睛就是累,闭上眼睛就感觉到不堪负重。其实,生活中有很多事情是我们难以把握,也难以避免的。而我们需要做的,就是保有一颗平静的心,理智地去判断。我们的心就像一只盛水的杯子,几乎每天都会有很多的灰尘落在里面。而作为承接烦恼的杯子,这颗心唯一能做的就是不要振荡,要如镜面一样平静,让这些杂乱的灰尘沉淀下去,只有这样,才能保留心灵原本的澄澈。

勿迷失于繁忙

有一个人到某个国外小岛去旅行，很不幸地，第一天的时候他的眼镜腿就折断了。他的眼睛高度近视，如果不戴眼镜的话，就只能像一个瞎子一样。于是，他只好沮丧地先中断自己的旅程去修理眼镜。但是他几乎跑遍了自己住的那个区域，仍旧没能找到卖近视眼镜的商店。最后一位出租车司机告诉他，只有去首府所在地才能修理眼镜。

见到司机这么友善，这个人决定第二天包他的车，到首府淡巴沙去修理自己的眼镜，顺便观光。司机犹豫了片刻后，与他约定第二天在酒店门口见。

第二天，他们去了首府所在地。修理好自己的眼镜之后，这位游客在当地逛了一个上午，但是却没有找到自己喜欢的景色。于是，他便想回旅馆休息。想到司机先生接自己这单生意的时候，必然会推掉其他的生意，如果自己现在回去，肯定会给司机带来损失，这个人有些不好意思开口。最后，经过一番内心挣扎，这个人还是把自己的想法跟司机说了。

他对给司机先生带来的麻烦深表歉意：“司机先生，实在不好意思，本来要包您一天车的，但是我现在想改成半天，很抱歉给您带来困扰。”

出人意料的是，司机先生听了却很高兴，说：“怎么会有困扰呢？你昨天说要包一天的时候，我还在犹豫呢。要不是跟你能谈得来，我是不会答应的。”

“为什么？”这个人惊异地问。

“我给自己设了一个工作日标，每天挣够150块钱就收工，剩下的时间属于我自己。所以如果你包一天车的话，我就没有自己的时间了。”司机憨厚地笑笑。

“您可以明天休息啊。”这个人建议。

司机摇摇头说:“那样不行。很多人一开始的时候对自己说,工作一天就休息,结果后来是工作一个月再休息,再后来又是一年,最后一辈子都不能休息。”

“那你们闲着干吗呢?不觉得无聊吗?”这个人问道。

司机听了很惊讶,说道:“这里很好玩儿啊。闲暇的时候,我们就斗斗鸡、放放风筝,到水边游游泳,在沙滩上散散步、打打排球,怎么会无聊?”

回酒店的路上,这个人一直在思考司机先生的话。司机的观念,让习惯了繁忙的他,对生活有了另一番领悟。

人,总是喜欢追逐自己没有的,却往往忽视手边的幸福。人们在没有房子的时候,总想要有属于自己的房子;有了房子又想要更大的。于是,人们买了豪华的房子,雇了佣人,但是为了供养佣人和房子,却陷入了繁忙的工作,失去了享受住在房子里的闲暇时光。那么这种繁忙,有什么意义呢?

人的欲望总是不断膨胀,但身体和灵魂却在退化。人们每日忙忙碌碌,却往往享受不到生活的美好。在我们被繁忙的生活“压迫”时,可曾问过自己,我们驶向的是不是正确的人生方向?我们匆匆的步履,错过了多少的美景?究竟什么样的人生,才是我们所追求的?

生活的真相

法国《兴趣》杂志和英国广播公司曾经分别对人在一生中做的事情进行调查，结果是：每个人站着30年，睡着23年，坐着17年，跑着1年零75天，沐浴2年，等候入睡18周，打电话2年半，等人回电话14周，无所事事2年半。

虽然这些数字不能代表每一个人的具体人生，但从中我们却可以看到，我们的生活处于怎样的状态。每个人站着的30年里在想什么，而你在等候入睡的几年里又在干什么？

曾任教于清华大学艺术系的陈丹青教授这样感慨道：现在中国为什么很少出现一些在某一领域特别拔尖的人，估计和学太多太杂的东西有关！同样的道理，你为什么被生活所累，跟接触太多、太杂的东西也有关。

生活中杂七杂八的东西也不是你人生的真谛，它们只是你心灵的灰尘，你要过滤它们，不让它们成为你心累的理由。别太在意，别接触太多，别让琐事遮蔽双眼，别让不幸遮挡视线，别让物质掩盖光明，也别让欲望变成迷雾。只有这样，才能以一颗本真的心，看清生活和生命的真相，抓住当下，把自己现在的每一分、每一秒都过得有意义和价值，不让无所谓的事忙得你四脚朝天。尽量使自己的人生少留遗憾、少些后悔，这才是乐活当下，这才是生活的真谛。

和乌龟散步

龟兔赛跑之后，兔子和乌龟反倒成了好朋友，两个动物经常来往。某天夜里，兔子决定约乌龟出门走走。

他们约定的地点，就在乌龟居住的河水边。虽然两只小动物做了很久的好朋友，但是还是第一次一起出来散步。兔子到达的时候，乌龟已经在河岸上等着它了。只见一弯新月挂在天边，隐隐约约地照亮了河边的小路，兔子环顾了一下四周，决定制定一个散步的路线。经过商定，他们决定先从小河边开始，然后绕到旁边的小树林里返回。

路线制定完以后，散步就开始了。尽管乌龟已经尽力在爬，但仍是追不上兔子的速度。走着走着，兔子就把乌龟甩在了身后。刚开始的时候，兔子还可以耐下心来等着乌龟，但是慢慢地，兔子就开始不耐烦了。兔子很想尽快走到小树林里，然而乌龟的速度实在是太慢了。于是它不断地催着乌龟，责备乌龟的速度太慢，浪费自己的时间。

最后，兔子实在受不了了，心里十分懊悔约了乌龟出来散步。它很气愤地对乌龟说："你自己先向前走吧，我在路边的草丛里休息一下，然后再去追赶你。"

躺在草丛里的兔子，不再专注于乌龟的速度。它闭上眼睛，全身心地放松了自己。一阵清凉的微风吹来，传来了淡淡的香气。兔子睁开眼睛，发现原来自己的身边开满了各色的小花。它看着头顶上垂下来的柳条，在微风的吹拂下，轻轻拂过它的面庞，温柔而美好。接着，它又听到夜晚的虫鸣声，以及偶尔从小树林里传来的鸟叫声。透过树枝的缝隙，兔子看到如小船般的新月，看到眨着眼睛的小星星，不禁感慨，这样美丽的夜景，为什么以前自己没有发现呢？

假如用量尺计算，谁丈量过人生的路有多长？换算成时间，人生也不过匆匆几十年。这条道路，是不是走得越快结束得越早？

在这条道路上的芸芸众生，谁的脚步会为了路边的野花停歇？谁的目光会为了天上的闲云眺望？谁的双耳会为了小鸟的歌唱而静听？谁的鼻子会为了清新的花香而轻轻吸气？

事实上，人生就是在世上的一场经历，是停留在世间的一次旅行。当你背起行囊旅行的时候，难道不是为了欣赏遇到的风景吗？难道不是为了给自己的心灵做一次放松吗？为何要步履匆匆，不肯解开自己那把忙碌的枷锁呢？

旅程，拒绝忧虑，也拒绝焦躁。

经历是一笔财富。千万不要因为你所遭遇的事情和自己的喜好不吻合而怨天尤人、自怨自艾。须知，人生的每一步对于自己来说都是有益的。只要你仔细聆听，用心思考，即便是最乏味的旅程也能发现最动听的音符。不经意间你就有可能有了不起的收获。

放下无价值的砝码

有一个著名的心理医生，在他会诊室的桌子上，放着一个小架子，架子上系着一根橡皮筋，架子的下边，还放了几个小砝码。

一天，他的一个朋友造访他的会诊室，看到了桌子上的这些东西，就问他这些物品的用处，这位心理医生笑而不语。

又过了一段时间，这位朋友又来了。但是他这次来不是闲谈的，而是想寻求帮助。心理医生给他的朋友倒了一杯茶，然后把桌子上的小架子拿到面前，示意他的朋友开始讲述自己的问题。

这位朋友又是气愤又是郁闷地对心理医生说："我本来有一次晋升的机会，但是就在关键时刻，我的一位同事给老板写了一封信，罗列了我的种种缺点和失误，让我丢掉了这次机会。"

听完了这件事之后，心理医生拿起桌子上的一个砝码，挂在了架子上的橡皮筋上。瞬间，橡皮筋就被拉长了好多。接着，他示意朋友继续说。

朋友扶着眉头，接着说："回到家里，我还得忍受自己的妻子。她总是不能理解我。我觉得我已经开始厌倦她的啰嗦，找不到当初对她的爱了。"

等他说完之后，心理医生又在橡皮筋上加了一个砝码。这样一来，几乎把橡皮筋绷到了极限。

接下来，心理医生问："还有什么烦恼吗？"他的朋友摇摇头。

心理医生接着又问："你的那位同事升职了吗？"

"没有。"朋友回答。

"那他反映的你的那些事情属实吗？"他的朋友点点头。

"既然他也没有升职，而且还指出了你的错误和缺点，你就应该感谢他。你知道了自己的这些缺点，就可以去改正，这不是在帮你提升自己吗？"心理医生道。

他的朋友听完，表示赞同。于是，医生拿下了橡皮筋上的一个砝码，橡皮筋顿时弹回去很多。

"你厌烦了你的妻子，会跟她离婚吗？"医生问。

他的朋友想了想，回答："不会，其实我们也没到那个地步。我还有一个可爱的儿子，我不想给他一个不完整的家。"

听了这段话，心理医生又取下了橡皮筋上的另一个砝码，使橡皮筋恢复了原状。然后，心理医生解下橡皮筋给了自己的这位朋友，并对他说："你上次问我这个东西是做什么用的，我没有回答,你现在明白了吗?”

他的朋友瞬间醒悟,坚定地点点头。

人生就是一条橡皮筋,承载的压力一旦超过极限,就会断掉。只有减少加在上边的砝码,才会保有它的弹性,才会保证它的完整无缺。究竟是什么事情让你的心焦虑?什么事情让你的人生承重?又是什么事情让你的生活步履艰难?看清当下有风景的那一面图画,放下无价值的砝码,才算是真的享受生活。

第五章

最重要的是心

◎ 给你一个“如果”
◎ 撕掉是对的
◎ 自然与本相
◎ 最重要的是心
◎ 最完美的快乐
◎ 让心回归本原
◎ 向自己突围

人是一种奇怪的生物，总是等到失去了，才后悔自己当初没有珍惜。

其实，幸福就在你触手可及的身边。

当你渴的时候，有水可以喝，就是幸福。

当你饿的时候，有食物可以充饥，也是幸福。

当你工作了一天，觉得很辛苦的时候，有柔软的床用来睡觉，同样幸福。

当你伤心哭泣的时候，有人在旁边为你递纸巾，更是一种幸福。

自古以来，人们对于幸福就没有绝对的定义。平时触动心灵的一些小事，身边打动你的一些东西，都可以归结为幸福。人生在世，幸福与否，只在于你的内心。

给你一个“如果”

爱情就像一盏灯火，在黑夜里散发出光明与温暖。世人就像一只只飞蛾，为了寻求光明，贪恋着那灯火发出的一点点温暖，争先恐后地扑向它，至死不休。

一个很帅气的男孩子，家境也很不错，他爱上了一个女孩。但是两家的条件差距太大，男孩的父母一直反对他们在一起。最终，迫于父母的压力，男孩不得不选择分手。

此后的很多年，虽然自己身边也出现过几个不错的女孩，但是男孩心中依然惦念着曾经的那个她，总觉得跟其他女孩找不到那种相知相惜的感觉。转眼，男孩已经40多岁了，仍旧是单身一人。看着身边的朋友一个个都结婚生子了，他心里也很着急。每次面对别人的询问，他总是埋怨自己的父母，埋怨他们让他错失了自己的姻缘，耽误了他的美好生活。虽然事业有成，但是面对感情生活的不如意，面对内心的孤寂，他曾一度对生活失去信心。

终于他的好朋友看不下去了，一定要给他介绍女孩子，他依然态度强烈地拒绝。他对他的朋友说："如果当初我的父母不反对，我现在的生活就会是另一个样子；如果我当初没听他们的话，而是坚持跟她在一起，我现在一定会过得很幸福。可惜，人生中哪来那么多的'如果'啊？再多的'如果'，也抵不过一个'但是'。"

说着说着，他又陷入了悲痛之中。他的朋友坐在他身边，听他抱怨完了，开导他说："你说的这些'如果'，也只不过是你没有依据的假设。倘若能够给你一个'如果'，你能保证自己就一定过得幸福吗？你假设了那么多'如果'，其实还有一些你没有考虑到的。如果你们的日子过得很糟糕呢？如果你们真的走到一起，整日里吵吵闹闹呢？如果你们为了孩子的教育，而坚持各自的教育方案不肯改变呢？假如我设想的这些‘如果’，跟你设想的那些‘如果’一同发生呢？你还会觉得幸福吗？你既然走到了这一步，就该在这一个阶段里开始自己新的生活。”

是啊，如果这所有的“如果”一同发生呢？他的人生会不会更加糟糕？

不要说如果可以重新开始，我会做得更好；不要说如果时间可以倒流，我会好好把握；不要说如果再有一次机会，我会尽力争取。人生没有如果，常常是“过了这个村就没这个店”。不要抱残守缺，不要墨守成规，接受已经到达的当下，珍惜眼前的一切，才不会让自己沉迷在更多的幻想中，才不会把希望寄托给“如果”。

撕掉是对的

有一位妈妈，为了女儿的高考问题，再一次来到庙里上香求助。

刚走到门口，她就碰见了正要出去的师父，她赶紧对师父诉说自己的烦恼，并说自己正托人找关系，希望自己的女儿能考上一所好的大学。

庙里的师父说："你这样积极地去努力不是很好吗？"

这位妈妈停了好一会儿才说："去年我的女儿考上了舞蹈学校，可我觉得舞蹈对将来的就业没有什么帮助，就把孩子的录取通知书给撕了。师父，您说，我是撕对了还是撕错了？"

师父问这位妈妈："你认为自己的女儿具有舞蹈天赋吗？"

妈妈回答说："我觉得我女儿不具备，而且她现在长得胖胖的，也不是跳舞的身材。"

师父听后说："你撕对了！跳舞之人，需要有一个好的身材。只有拥有好身材，才能更好地做到各种舞蹈动作，才能表现出每一个动作的灵动之美。你女儿长得胖胖的，就算很努力地去学舞蹈，因为不具备身体本身的基础，她的舞蹈也会没有生命力，也不会有太多的观众。因此，放弃舞蹈，去学其他的知识，对她来说或许会更好。”

这位妈妈听了师父的话之后，说：“师父，您说得太对了。以我女儿现在的身体状况，就算去跳舞，想必也不会有太大的发展。时间不等人，我怕她走错了路，浪费了时间。我也觉得我是撕对了。”

这位妈妈解除了自己有可能撕错的那个心灵枷锁，高兴地回家去了。

其实,生活中的确有很多人总是会怀疑自己当初的选择,会抱怨自己曾经错失的机会,总是说如果老天再给自己一个机会的话,自己就会如何去挽救。可是人生没有重来一次的机会。正如撕掉孩子录取通知书的这位妈妈一样,无论是她的女儿还是家里的亲人,肯定都曾埋怨过她的行为,如果孩子今年没有被录取,她受到的埋怨或许会更多。为此,这位妈妈承受着巨大的心理压力,因此她才会不断地去寺庙寻求解脱,祈求祝福。

人一生中要做出数不清的决定,很多决定都会在内心里反复地推敲。是正确,还是错误?当自己内心不够坚定时,人们倾向于用他人的认可来说服自己。外在的因素,总会侵入心灵,改变心灵的色彩。别人的观念,总会刺激神经,改变心情的好坏。着眼于当下,就是教导人们让身心远离外在的刺激,获得安宁,让心灵趋于宁静,获得真正的大快乐。

自然与本相

心理学课上，心理老师给大家讲了这样一个故事。

在一个电视节目中，有一个小男孩被请上了舞台。主持人问了小男孩一个问题：“如果你是一架飞机的机长，你的飞机在飞行的时候，突然没有了燃油。情况十分危险，但是飞机上的降落伞又不够用。这个时候，你会怎么办？”

小男孩沉思了片刻，认真回答：“我会先提醒大家都系好安全带，然后自己背一个降落伞跳下去……”

听到这里台下的学生开始唏嘘了：“小孩子都这么自私啊？真是世风日下啊，连小朋友都学会牺牲他人保全自己了。”

听到讲台下的议论，老师没有发表看法，只是接着讲了另外一个故事。

还是在一个电视节目上，一群孩子站在台上表演节目。孩子们既活泼又可爱。节目结束的时候，主持人问一个五六岁的小男孩：“小朋友，等你长大了，想要做什么啊？”

小男孩天真地说:“我想当总统。”

主持人又笑着问:“当哪个国家的总统啊?”

“美国总统!”小男孩毫不犹豫地大声回答。

听到这里,讲台下边又开始了新一轮的讨论:“孩子不大,野心不小。现在已经有这么重的名利思想了,不知道长大后会怎样。”

听完同学们的讨论,老师示意大家安静,接着说:“同学们,我的故事还没有说完呢。”

“在第一个故事当中,舞台下边的很多人也跟你们有同样的想法。但是,小男孩接着说的话让整个会场都安静了,他说:‘我还会回来的,我是去取燃油的!’在第二个故事中,主持人还问了小男孩一个问题,他问孩子为什么想当美国的总统,孩子回答:‘让美国不再打仗啊。’好了,同学们,我的故事讲完了。”

孩子的回答有错吗?当然没有,他们有着自己纯真而伟大的想法,只是听到答案的人把这种纯真功利化了而已。当我们还是孩子的时候,我们的心就像春天的风一样温柔而和暖,像水晶一样干净而透明,像金子一样美好而珍贵。然而,在岁月的长河里逐渐长大的我们,一颗心早已被世俗的烟云污染,却总不自知地用世俗的标准去衡量那一颗纯洁的心。

最重要的是心

保罗有两个邻居，几乎每天早上出门上班的时候，保罗都会遇到他们。左邻居，看起来像是一个富人，每天都穿着整齐的衣服，皮鞋擦得锃亮。右邻居则相反，穿着很是邋遢，皮鞋也显得暗无光泽。

保罗有一份不错的工作，他在一个大公司上班，职位也很高。保罗的工作，使他得以接触那些有名有地位的人物。这些有头有脸的人，一向很在意自己的衣着，出门之前都要对着镜子审视数遍。跟这些人来往多了，保罗也开始逐渐在意人的衣着了。

每次看到右邻居，保罗总不免从心底里嫌弃他。而右邻居是一个很热情的人，每次看到保罗总会笑着向他打招呼，但是保罗总是一副爱答不理的表情。左邻居则显得很冷淡，如果保罗不先跟他打招呼，他总是摆着一副蔑视周围一切的表情。保罗想尽各种办法，希望与左邻居搞好关系。

转眼之间到了圣诞节,三个单身的大男人相约出去喝酒。

见面的时候，保罗发现，右邻居终于换了一身全新的衣服，鞋子也擦得很光亮。喝完酒回来的时候，天色已经很晚了。大街上，除了闪亮的灯光，已经很少能见到人影了。天气很冷，三个人裹紧了衣服，脚步匆匆地想尽快赶回家。

他们走到一个拐角处，遇到了一个乞丐。乞丐衣衫褴褛，上前拉住左邻居的手说："先生，施舍一下吧，看在圣诞节的份上。"左邻居还没等乞丐说完，就推开了他。没有防备的乞丐一下子摔到了地上。

右邻居赶忙上前将他扶起，并把兜里的钱全部拿给了乞丐，握着乞丐的手说："先生，圣诞节快乐！"

乞丐回握着右邻居的手，感动地说："先生，也祝你圣诞节快乐！"说完，乞丐千恩万谢地走了。

乞丐走后，左邻居说："你给他钱就算了，还握着他那脏兮兮的手，真是掉了自己的身价！"

右邻居笑笑说："人人生而平等，何来身价差异之说？我的生活比他过得好，理当去帮助他。如果不去帮他，我会觉得内心不安。感谢上帝赐予我帮助他人的能力，我会好好地利用它。"

保罗听了这番话，突然觉得这位平日里穿得脏兮兮的邻居，就像圣诞老人一样，浑身散发着光辉。他以前只顾着打量别人的外表，却忽略了一个人最重要的内心世界。

俗话说："知人知面不知心。"你可以看到别人的衣着，却看不透他人的内心。对于一个人来说，最美的不是他的衣着，也不是他的妆容,而是他的内心。一个人从内心散发出来的那种美好,不会受到外在穿戴的影响,也最能够感染身边的人。守住自己的心,守住心灵的纯净,才能将人生这碗茶喝得悠然。

最完美的快乐

春天来了,有四个好朋友相约去郊外踏青。微风和煦,春暖花开,到处是美丽争妍的花儿,处处散发着浓郁的香气。这如画的景色,不但吸引了众多的游人,同时也引来了成群的蜜蜂和蝴蝶。

徜徉在这种诱人的景致中,四人感觉惬意非常。这时,其中一个人问道:“朋友们,你们说,在我们的人生当中,什么才算是最完美的快乐呢?”

问题刚一问完,一位朋友便不假思索地回答:“这个问题很简单啊。这样惠风和畅的天气,有众位好友做伴,一同感受这春天的温暖,一同欣赏这争奇斗艳的美丽花朵,一同看这在花间飞舞的蝴蝶,这就是世上最完美的快乐啊!”

另一位朋友听了,表示很不赞同。他说:“对我来说,这个世界上最完美的快乐是亲人之间的团聚。你们想啊,在一个美好的日子里,亲人们欢聚一堂,一起举杯畅饮,一起唱歌、跳舞,这才是人生最值得拥有的完美快乐！”

“你们两个的观点都是不对的。要我说，拥有金钱和地位才是最完美的快乐。人家都说：‘有钱能使鬼推磨。’只要你有钱，什么事都好办，可以把很多事情变得完美。只要你有了权势和地位，不但没有人敢欺负你，你还会受到别人的尊敬。这不就是完美的快乐吗？”第三个朋友说道。

听完这三位朋友的发言，最初提问的那个人说：“我跟你们三个人的观点都不同。我认为，有美丽贤惠的妻子陪在身边，有乖巧可爱的儿女围绕膝下，就是这个世界上最完美的快乐了。”

为了能够说服别人接受自己的观点，四个人开始争论起来。正当他们争得面红耳赤的时候，站在他们旁边、一直听他们谈话的老者制止了他们的争吵，并发表了自己的观点。

老者笑着对四位年轻人说:“你们的答案我都听到了,虽然你们各有各的道理,但是你们所给出的答案,恰恰就是你们内心所恐惧和担忧会失去的东西。”

听了老者的话,四人都表示不理解。

“虽然春天的景致美丽如画,万物生机勃勃,但是到了冬天,也难免会凋零衰落。亲人欢聚一堂,也总在一时,人生逃不开生离死别,即便亲如妻子、儿女,也终不能陪伴你整个人生。金钱虽好,也不过身外之物,总会有得有失;地位、权势也不会伴你终生。人生当中,没有永恒的安慰,又哪里来的完美的快乐呢?”老者接着说。

“那么,怎样才能求得完美的快乐呢?”一人问道。

“快乐在于内心,快乐的程度取决于现实跟你的期望之间的差距。我们总习惯于拿生活中已经发生的事情,跟我们期待它该怎样发展作对比,这种对比产生的差距,往往会降低快乐的指数。其实,如果不凡事苛求完美,好好把握当下,安心享受当下的快乐,那么你就已经拥有最完美的快乐了。正所谓‘境由心生’,完美的快乐是由自己的心决定的。”

让心回归本原

陶渊明在《归去来兮辞》中说:“既自以心为形役,奚惆怅而独悲。”所以他选择了回归田园。

官场,自古以来就不是清静之地。官场的腐败令陶渊明厌恶。终于,不愿为五斗米折腰的他,辞去了彭泽令,乘小舟回归故里。

那久别的小院,小径虽然早已荒芜,但是苍翠的松柏、鲜黄的菊花,仍各具姿态。漫步庭院,看知还的倦鸟,抚孤松而盘桓,自是一种乐趣。

“寓形宇内复几时,曷不委心任去留?胡为乎遑遑欲何之?”此句抒发了陶渊明顺乎自然和“纵浪大化中,不喜亦不惧”的人生态度。

当心被外界的牵绊束缚,脱离了本原,人就会疲惫不堪。如果你每天已经很累了,请不要再因为无止境的欲望和残酷的竞争而透支自己的生命,更不要让自己的心跟身体一样累。世界上总是有做不完的事、追求不完的目标，如果感觉太累了，就歇一歇，让自己过得快乐一点、轻松一点，去享受大自然所赐予的丰富和美丽吧！

请把你的心回归本原，学着给自己放个假，别让身心在紧张忙碌的生活中被透支。从现在开始改变你的生活模式，每天抽出哪怕是一个小时的时间，什么都不想，什么都不做，去感受生命的珍贵和生活的美好。佛说：“命在呼吸间。”是的，我们无法掌控自己的生死，不可以把自己的死期存档，让自己永远留在人间。既然生命总是这么无常，我们就更应该好好地爱惜它，利用它，充实它，体验一呼一吸间生命的美妙，让生活散发迷人的光辉，照出生命的真正价值。适当休整，是为了更好地起航。

向自己突围

曾经有动物学家对一些会飞翔的动物进行了一项研究，最终得出了一个结论。他们一致认为：凡是会飞的动物，它们的身体一定很轻巧，而且双翼修长。然而，大黄蜂却是一个例外。

仔细观察大黄蜂，就会发现，大黄蜂的身体胖胖的，跟轻巧无缘；它的翅膀短而小，更是与修长挂不上钩。当动物学家看到大黄蜂飞翔的时候，很是惊讶，于是他们决定去询问物理学家。

根据物理学中的流体力学原理，大黄蜂如此肥胖、笨拙的身体，再加上那么一对短小的翅膀，应该是飞不起来的。物理学家也百思不得其解，他们认为大黄蜂能飞起来，实在是一个奇迹。

为了解开大黄蜂飞翔之谜，动物学家们又去请教社会行为学家。行为学家没等他们解释完自己的原理，就跟他们说这是一个显而易见的问题。大黄蜂能飞起来的奥秘其实很简单，那就是:为了生存,大黄蜂必须飞起来;如果它们飞不起来,等待它们的只有死亡。

幸亏大黄蜂没有学过生物学,所以尽管它们有肥胖的身躯和短小的翅膀,依然不惧惮飞翔。也很庆幸,大黄蜂也不懂什么流体力学,否则,以它们自身的条件,恐怕再也不想、也不敢飞起来了。

经验是岁月给我们的馈赠,学识是生活给我们的财富。我们不能否认,人生历程中,经验和学识是走向成功的垫脚石。我们尊敬老者,是因为生活的经验给了他们智慧。我们崇拜博学多才的人,是因为学识使他们更加睿智。然而,正因为经验和学识的珍贵,我们也更容易拘泥于其中。这种珍贵禁锢了人们的思想,以至于在无形中转化成为成功道路上的绊脚石,让我们在不知不觉中自我设限,故步自封。最终变成横亘在眼前的重重"心障",遮挡了远眺的目光,屏蔽了前方更为高远的目标,从而制约了前进的步伐,扼杀了自己生命的潜能。

生命是值得永远充满期待的,任何时候都不能丧失希望。生命蕴含着太多可能,生命包含着无限潜能。有时候,即便是到了"山重水复疑无路"的境况,只要你善于向自己突围,也能为自己赢得人生的另一个高度。生命中每一刻的精彩,都需要我们不断地突破自己去获得。

第六章

明天的树叶不会提前飘落

◎ 最宝贵的当下
◎ “以后”有多远
◎ 明天的树叶不会提前飘落
◎ 当下的智慧
◎ 人生四句话
◎ 活在当下

《华严经》中有四句偈：

过去是未来，

未来是过去。

现在是未来，

菩萨晓了知。

这四句偈是在说，过去、现在和未来是互相交错而不可分割的。也就是说，过去就是未来，未来也就是过去，而现在就等于过去及未来。

有一位禅师，为了修行在十几岁的时候就离开了家乡，当他年老再度回到家乡的时候，他的父母早已经过世了，而他的兄弟姐妹也早已经认不出他了。经过他一再反复的自我介绍之后，他的亲人惊讶地说："你都这么老了，真的是我家的那个人吗？"

这个禅师回答说："那个人的确就是我，我这个人的确不是他。"

这个禅师的回答，点出了时间有前后，这种前后是没有分割的，但却又是历历分明的。

人生长河，就应该活在当下，不要徒劳牵挂过去，也不要过于担心未来。踏实于现在，就会与过去和未来同在。这就是活在当下的真正意义。

最宝贵的当下

人世间，什么是最好、最宝贵的？答案多种多样。但其中有一条是我们无法反驳的，就是我们人人都拥有，却又永不停留的当下。

有一个大婶看到邻居的姑娘刚刚失去了家人，无依无靠，于是就想帮助她。一天早上，这个大婶送给了姑娘一罐牛奶，让她去集市换点钱以改善生活。这个姑娘高兴极了，就把牛奶罐顶在头上，走向城镇。一路上她都很谨慎，唯恐打碎了牛奶罐。但就在离城市还有一点距离的时候，她开始在心中盘算起来：这罐牛奶可以卖多少钱；卖得的这些钱可以买几只小鸡；等到小鸡长大了可以下很多的鸡蛋，收集起来的鸡蛋又可以孵出很多小鸡；这些小鸡长大了又可以下很多鸡蛋，卖这些鸡蛋的钱要去买一条漂亮的裙子；穿上漂亮的裙子到王宫跳舞，要用美丽优雅的舞姿吸引王子；如果王子邀请自己跳舞，要摆出矜持的样子……想着想着，她就不由自主地摆出了矜持的样子，结果因为她歪了脑袋,牛奶罐掉在地上摔碎了。

看着摔碎的牛奶罐,姑娘伤心地哭了,为摔碎牛奶罐哭泣,也为今后清苦的日子而哭。失去亲人让她孤苦无依,牛奶罐摔碎使她的梦想破灭,这真可谓祸不单行。其实,姑娘在盘算的时候,在不知不觉中失去了当下。而我们面对生活,要学会理智分配精力,不仅要为未来规划,还要踏实地把握当下。只有认真地把握住了当下,才有可能将心中的美好的梦想变为现实。毕竟过去无法挽留,无论是痛苦还是幸福,都只能作为当下行事的借鉴和参考。而未来无法预测,种种愿望也只能作为激励我们做好当下、努力前进的目标。

如果不懂得活在当下,就会沦为空谈,就像故事里的那个姑娘一样,不仅失去了当下,还失去了未来。我们只有把握了当下,活在当下,才能有效地把握明天。

这个道理虽然我们很多人都懂，但现实状况却是我们经常因为那些对未来的期望，而错过当下，使得实现期望的机会白白溜走。我们吃饭的时候想着工作，以至于经常不知道饭菜的味道是什么；工作的时候计划买什么菜，盘算吃什么，以至于工作效率低下；睡觉的时候翻来覆去、想东想西，为各种小事劳心费神，以至于错过了美好的睡眠时间……我们丢失的每一个当下，都是无法重新找回的美好与幸福。而不懂得珍惜当下的人，也是最容易失去当下的人，连带也就失去了自己的未来。

生活当中，不管当下遇到的是顺境还是逆境，都需要我们努力面对。只有处理好当下，我们才能获得更多的幸福。也只有牢牢地把握住每一个当下，我们才能创造更多美好的未来。

“以后”有多远

如果稍加注意,你就会发现日常生活中几乎所有的人都习惯说一句话,那就是“以后再说”。这样的说法,就好像人生有无穷的以后,所有在现阶段无法处理的问题,到了以后都能解决。殊不知,当下是以后的决定性因素。

有一个小和尚希望提高自己的绘画技巧,于是他就和寺庙里绘画造诣最高的大和尚聊天。小和尚对大和尚说:“师父,请您指导我一下,我怎么才能把画画得更好呢?”

那个大和尚看了一下小和尚画的画说:“你去把画的这个地方再修改一下。”

小和尚说:“谢谢师父的指点,我明天就抽时间修改。”

大和尚说:“不行,你必须马上动手,万一你今天晚上死了怎么办呢?”

小和尚听完后,立即顿悟。从此他不光是在画画上,在自己的修行上也得到了大大提高。

大和尚所强调的，就是活在当下，不要拖延，不要把当下推给以后。

每个人都有一些遗憾，总有一些非常想做却还没有来得及做的事情。我们总是对自己说："不着急，以后找个时间再做。"但是，明天又会同样的忙碌，又会同样地找理由推脱。那些我们没有完成的遗憾，就成了永远的遗憾。

明天的树叶不会提前飘落

有一个负责清扫寺院落叶的小和尚，他每天都要早早地起来扫落叶。对一个孩子来说这是一件很苦的差事。尤其在深秋初冬的时候，每当风起，树叶总会随风飞舞，而小和尚也要在寒冷的风中花很多的时间把树叶扫完。这种情况让小和尚头痛不已，他一直在寻找着更好的扫落叶的办法。

一天，有个和尚开玩笑地对小和尚说："你可以在打扫之前先用力地摇树，把所有落叶都摇下来后再扫，这样以后就不用再扫落叶了。"小和尚听后感觉很有道理，于是第二天他起得很早，使劲地摇树，然后把所有的落叶都扫得干干净净，想着以后都不用再扫落叶，小和尚心里非常开心。

第二天，小和尚到院子里一看，傻了，地上还是有那么多的落叶。于是他又用力地摇起来，希望把所有的落叶在今天扫净。

但第三天，小和尚还是看到同样多的落叶。正在他伤神之际，寺院里的老禅师走过来对他说："傻孩子，不管你今天怎么用力地摇，明天的落叶还是会像今天一样落下来。"

其实，小和尚摇动树希望树叶全部掉下来的愿望就如同人们对明天、对未来的种种欲望一样。有些事情，就如同这满树的叶子，注定明天落的，怎么用力摇都不会在今天就落下来。

世上有很多事是无法提前的，不管是物质还是希望，莫不如此。我们不能预支明天的快乐，也不能预支明日的烦恼，唯有认真地活在当下，才能活好每一天。而活在当下，简单的意思就是说，你要把主要的心思放在你现在待的地方，放在手中做的事上，放在生活在自己身边的人上，并全心全意认真地去品尝、投入，这才是对待人生最正确的态度和观念。

昨天的种种已经成为过去，明天的树叶也不会提前飘落，不管你是多么希望昨天的事实为你而改变，希望对未来的愿望能不费任何力气就达到，那都是不可能的。所以，一个人不应该沉沦于对昨天的懊悔，也不应该只期待明天，因为那就相当于放弃了当下，是一种愚蠢的做法。

其实，一棵在秋天落下枯叶的大树，落了的叶子就好像是你昨天的种种经历，有喜有乐，有成功也有失败。但叶子落了就是落了，当它们离开大树的一瞬间就已经不再属于那棵有生命的大树。而树上的叶子，不管你怎么摇，明天要落的也不可能在今天落下。大树从来不会为已经落下的叶子而停止生长，也不会为将要落下的叶子而惴惴不安，无心吸收养分，它只是用尽自己的所有努力地活着。于是，它在枯荣循环的一生中渐渐长大、长粗，最终成为栋梁。

当下的智慧

为了增加小和尚的阅历，老和尚决定带着小和尚下山游历。一天，他们途经一条河，正好遇到一名女子也想过河。由于怕湿了鞋子和衣服，她又不敢过去。老和尚看到这种情况，便主动背着这名女子过了河。到达对岸之后，老和尚放下女子，若无其事地带着小和尚继续赶路。

小和尚却不禁在心里嘀咕："师父这是怎么了？竟敢背着一个女子过河，这不是犯戒吗？"小和尚就这样一路走，一路想。最后他终于忍不住了，问："师父，您犯戒了，您怎么能背女子过河呢？"

老和尚叹道："我虽背了她，但是我在过了河之后就早已放下。你虽然没有背她，却一路都在想着，一直未放下！"

活在当下，就应该像老和尚那样，学会忘却，放下负担，抛却烦恼；就应该放下包袱，轻装前行，让自己轻松一些，快乐一点。

还有一个故事：有一个男人因被一只老虎追赶而掉下了悬崖，但值得庆幸的是，在跌落悬崖的过程中，他抓住了一株长在悬崖边的小灌木。他抬头向上，发现头顶上那只老虎正凶狠地盯着他；低头一看，悬崖底下竟也有一只老虎！更为悲催、恐怖的是，还有两只老鼠正忙着啃咬那株关系着他生死的小灌木的根须！绝望中，他突然发现附近的崖壁上生长着一簇簇红红的野草莓，伸手就可摘到。于是，他摘下一颗草莓，塞进口里嚼了起来，还自言自语道："好甜啊！"

并不是每个人都会碰到这种极端糟糕的状况，但每个人在生命中都会不可避免地遭遇痛苦、绝望、不幸或者灾难。当你面对这些糟糕的情况的时候，你是否还能如故事中的男子那般，有心去享受野草莓？你是否还能顾及去欣赏闪烁的星光？当面对逆境，我们能做的，就是镇定从容地摘取与享用，尽己之能，把握当下。只有那些在逆境中仍然能够捕捉哪怕是一丝快乐的人，才能领悟生命快乐的真谛。

明天的辉煌始于今天的努力。人应重视当下，活在当下，珍惜当下，及时享受生活的乐趣，脚踏实地，不断为目标而努力。

活在当下，就是在面对天灾人祸、挫折困难时保持良好的心态，让心灵获得安顿、滋养和成长；就是专心做好眼前事，用心珍惜眼前人，将外界的嘈杂纷扰放到一边；就是既不去追忆过去的荣耀，也不悔恨过去的过错，更不盲目地去憧憬未来，活在幻想中；就是快乐来临的时候就享受快乐，痛苦来临的时候就迎向痛苦；就是该吃饭时吃饭，该睡觉的时候睡觉。无论黑暗或光明，既不回避，也不犹豫，以坦然的态度面对人生，全身心地投入、接纳、品尝和体验你所遇到的人、事以及物。

人生四句话

一位十几岁的少年去拜访智者。

少年问:“我如何才能变成一个自己愉快也能够给别人带去快乐的人呢?”

智者笑着望着他说:“孩子,在你这个年龄有这样的愿望,已经很难得了。我见过很多比你年长的人,从他们问的问题本身就可以看出,不管给他们多少解释,都不可能让他们明白真正重要的道理,就只好让他们那样了。”

少年满怀虔诚地听着,脸上没有流露出丝毫得意之色。

智者接着说:“我送你四句话。第一句话是,把自己当成别人。你能说说这句话的含义吗?”

少年回答说:“是不是说,在我感到痛苦忧伤的时候,把自己当成别人,这样痛苦自然就减轻了;当我欣喜若狂时,把自己当成别人,那狂喜也就变得平和一些?”

智者微微点头,接着说:“第二句话,把别人当成自己。”

少年沉思了一会，说："这句话是不是说，这样就可以真正同情别人的不幸，理解别人的需求，并且在别人需要的时候给予恰当的帮助？"

智者两眼发光，继续说道："第三句话，把别人当成别人。"

少年说："这句话的意思是不是说，要充分地尊重每个人的独立性，在任何情形下都不可侵犯他人的核心利益？"

智者哈哈大笑："很好，很好，孺子可教也！第四句话是，把自己当成自己。这句话理解起来太难了，留着你以后慢慢品味吧。"

少年说："这句话的含义，我一时体会不出。但这四句话之间有许多自相矛盾之处，我用什么才能把它们统一起来呢？"

智者道："很简单，用一生的时间和经历。"

少年沉默了很久，然后叩首告别。

后来少年变成了壮年人，又变成了老人。再后来，在他离开这个世界很久以后，人们都还时时提到他的名字。人们都说他是一位智者，因为他是一个愉快的人，而且也给每个见到过他的人带来了愉快。

活在当下

有一个刚刚毕业的大学生，因为老师的推荐而得到了一份很好的工作。出于感激，他总是对自己的妻子说，有时间就请老师吃顿饭，表达一下谢意。可是，他每天都是很忙的样子，而老师又忙着研究课题很少在国内，因此两人总是没有见面的机会。有一天，他的一个同学打电话告诉他，老师得了重病。他听后马上放下手中的事情跑到医院去看望老师，然后郑重地对老师说，等到老师出院了就带着老师好好吃顿饭，然后再去游玩几天。

可是，老师真的出院后，却已不能好好吃东西，更不能去外面吃了。由于身体的不适，无论看到多么好的景致，老师也提不起精神。过了一段时间，这个老师又二次住院，不久就因为病情恶化而去世。

这个人特别伤心，就去找禅师诉说自己心中的痛苦以及对人生的绝望。他对禅师说：“人一辈子有什么用啊？还不是说死就死，什么也留不下。”

禅师最后说：“唯有活在当下了。”

这个人听到后，好像立即领悟了一样。

此后，他对待生活的态度简直是彻底改变。整日吃喝玩乐，不再专心从事工作，而且对任何事情都不上心，总是得过且过的样子。别人问起他为什么这样，他回答说：“人生无常，唯有活在当下了。”

活在当下难道就是上面这样的意思吗？当然不是。

活在当下，是要以未来为导向的，它不等于今朝有酒今朝醉，而是今朝有酒不大醉，不使明朝有忧愁。

活在当下，就要对自己满意，要相信每一个时刻发生在自己身上的事情都是最好的，要相信自己的生命正以最好的方式展开。

活在当下，是让大家懂得当下，快乐当下。如果你为过去不高兴，为未来忧愁，那就不是活在当下。要放下烦恼，解放心灵，自由自在、真正快乐地活在当下。